週3レシピ 家ごはんはこれくらいがちょうどいい。

自炊時代 我的自煮料理

一週煮三次，將當令食材輕巧用完，款待自己的七十二道美味食譜

山口祐加 著
王詩怡 譯

前言

山口小姐

旨在增加自煮人口的料理研究家。
美食作家。
喜歡做菜，也喜歡外食。熱愛味噌湯。

平野先生

不會做菜的男子。獨自居住在東京。
在初創企業上班，有時下班都已經是深夜。
吃膩了便利商店。

只用半年就「學會做飯」的男子

平野先生和山口小姐相識於某場聚餐。

兩人在席間聊到了自煮。

「最近吃膩了外食，開始想要自己煮。之前也挑戰過好幾次，食材總會剩下，結果只能丟掉。想到外食比較輕鬆，也不用丟棄食物，就無法堅持下去了。」

「我懂，尤其是一個人住，更難將食材用完。如果有能將食材全部用完的食譜，你覺得就能持續下去嗎？」

「就算有，每天做飯還是有難度。頂多一週三次，下班回到家，不用花什麼時間就能完成的話，或許可以做到吧。啊！可是味道也不能太差！」

「一週煮三次，必須將買來的食材用完，任何人都會煮，而且還要美味……」

「……是不是太痴人說夢話了？」

「不會不會～我回去好好想想！」

於是，一週煮三次食譜就這樣誕生了。

如同時尚雜誌的一衣多穿單元，「以當季食材＋固定食材＝約八種材料，構思出一週煮三次便能將食材用完的食譜」，便是本書的主旨。

那麼按照本書親自實踐，眞能做到輕鬆自煮嗎？

一週三次食譜是按照以下流程構成的。

你是否也陷入了「不會做菜」的惡性循環？

遇到平野先生後，我試著詢問「不會做菜」的人：「覺得料理最困難的地方在哪裡呢？」於是，大多數人是這樣回答的：

在網路搜尋食譜
⬅
買齊所有材料
⬅
實際下廚後，被含糊不清的料理步驟和用語搞得不耐煩
⬅
總之做了就吃吧，但是收拾善後好麻煩
⬅
剩餘的食材被遺忘在冰箱
⬅

放到壞掉只能丟棄，好浪費

↓

買現成的輕鬆多了，而且也比較省錢

既然如此，

不如試試一週煮三次食譜：

提供能將食材全部用完的食譜

↓

捨棄含糊不清的步驟，用圖片呈現料理

↓

一菜一湯的搭配，減輕洗碗負擔

↓

因爲食材能確實用完無剩餘，不會給冰箱造成負擔！

↓

「什麼嘛！想做的話就能做到！」

最終還是回歸自己動手煮

所謂的自煮，便是無限循環「採購→做菜→吃掉→收拾→管理食材→採購」的過程。

除此之外，還得考慮到預算、當天的狀態、冰箱的剩餘食材。

直接在外面吃，或是買現成的，真的輕鬆多了，我並不打算否認外食的便利性。我自己也經常外食。

然而，最後的最後，往往還是會回歸自己動手煮。

因爲沒有名字的料理、簡單的小菜，最讓人感到放鬆。讓人每天都吃不膩的，並非時髦豪華的外食，而是「能夠撫慰肚子和心靈的料理」！

活用食材的簡單菜色，便能嚐出食材的原味，稍微下點功夫，還會給人煥然一新的感覺，怎麼吃都不會膩。

不是那種刺激大腦的「極品美味」，而是好吃得剛剛好的家常菜。

如果有更多人願意做這樣的菜，就太好了。

「自己煮自己吃」，滿足的並不只是胃袋

持續自煮，照顧自己的身心靈，也是一連串逐漸建立自信的過程。

那樣的感覺很接近「絕對不會崩塌的疊疊樂」。

今天累積起來的自煮經驗値，並不會因爲明天休息就消失不見。

每一次自煮都是一次堆疊，沒有人可以從中破壞或奪取。

重複「今天也做飯了」的事實，即便中間出現外食的自煮空窗期，不知不覺間也會培養一定的生存能力。

購買本書的讀者，若能在實踐一週煮三次的過程中，感受到「原來做菜這麼簡單、這麼自由、這麼有趣！」對我來說，再也沒有比這個更開心的事了。

來！別想太多，購買喜歡的當月食材，首先就從製作三天的份量開始吧！

歡迎來到愉快的自煮世界。

目錄

「小黃瓜沾味噌」也是自煮

一聽到「料理」，各位的大腦裡會浮現怎樣的畫面？

首先是閱讀食譜，接著買齊食材、整理廚房、切菜、烹調、組合調味料、嚐味道……

想到這裡，是否會覺得「還是用買得比較快」呢？

就我的感覺，認爲「使用多種食材、多種調味料，才算會做菜」的人還不少。

當然也有那樣的料理，但是每天都如此講究的話，恐怕撐不了多久吧？想自己煮來吃、又不想勉強自己的人，都應該買這本書。

翻開字典，可以看到「料理的定義是幫食材加工」。既然如此，那麼黃瓜「沾」味噌也算自己煮，將冰過的番茄「切」了再調味，同樣也是一道菜。剛開始自己煮無須挑戰食材或工序繁瑣的菜色，而是要選那種多加一道工「讓素材變好吃的食譜」，才是讓人對做菜上手的訣竅。

深具代表性的家庭料理，諸如：蛋包飯、漢堡排等等，製作起來需要花費一定的心力，在現今這個時代，倘若要天天做的話，只會讓人倍感壓力。

生活都這麼忙碌了，稍微有點自煮意願的人，需要的是「料理輕量化」。不過這並不是提倡「偷工減料」，重點在於鎖定「只要做到這點，就會很美味」的簡單菜色。

像這樣輕鬆就能完成的菜色，我稱之爲「輕量級料理」。

舉個例子，炒蔬菜的時候，如果在買菜階段就認爲「炒蔬菜就是需要放好幾種蔬菜……」，一不小心買太多的結果，往往是吃不完最後只能丟棄。

既然如此，買洗淨切好的綜合蔬菜包不就好了嗎？裡面不但有多種蔬菜，而且已經切成容易煮熟的大小，直接丟進鍋裡炒就可以了。何況這樣的蔬菜包通常是一人份，也不會有剩餘問題。比起購齊多種蔬菜，還要洗洗切切，不覺得使用蔬菜包做飯輕鬆多了嗎？

一旦自己煮上手了，漸漸地你就能從買菜、切菜的過程中挖掘樂趣，自然而然變得喜歡做飯了。

功夫菜和簡單料理，其實沒有高低之分，關鍵在於視情況而作。

我的提議是，想要迅速打發一餐時，簡單將食材炒一炒、煮一煮、拌一拌就吃了；等到週末時間較寬裕的時候，再比平常花更多時間，製作特別的料理。

請別把自煮想得太困難，**第一步就從如何將手邊的食材變好吃做起吧！**

做菜的順序

不會錯失最佳溫度

我們在吃飯的時候，會希望熱炒和湯品是熱的，沙拉和拌菜是涼的。能不能在食物最美味的時候大快朵頤，關鍵就在於「做菜順序」。一菜一湯的組合只有兩道菜，因此誰先做是二選一，不是菜先做，就是湯先做。

只要按照本書從右到左的順序，就能吃到剛剛好的溫度。實踐完一整本書之後，應該就能悟出應該從什麼開始下手。

湯先做

熱炒和麵食都會想趁熱上桌，因此請先製作湯，吃之前再溫熱一下就行了。

一湯 → 一菜

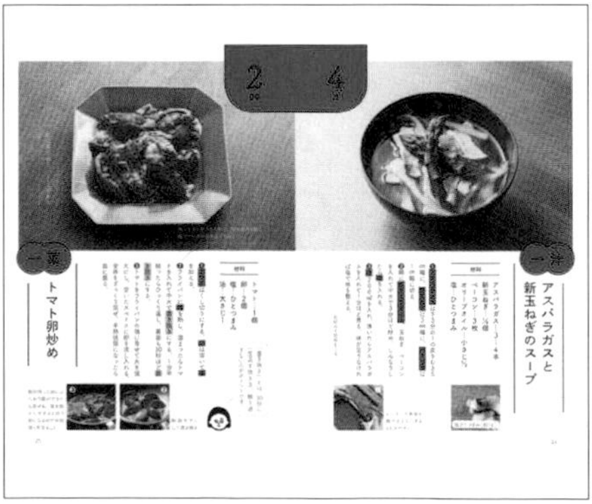

湯後做

沙拉或拌菜、冷掉也好吃的煮物、常備菜，這些可以先製作起來，然後再準備熱熱的湯品。煮物冷卻後更入味，嚐起來滋味更棒呢。

一菜 → 一湯

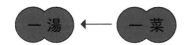

順手好用的廚房

花點小功夫，效率大提升

開始做菜前，就將廚房準備好的話，效率會高得嚇人。「好麻煩喔……」或許你會這麼想，一旦將廚房整理好，搞不好就會發現「之前會懶得下廚，就是因爲廚房太亂了」。雖然不是做到①~⑤就萬無一失，不過首先就從能辦到的事情開始吧！

本書中出現的 烹調器具

- 單手鍋（直徑 16cm、深 6cm）
- 深平底鍋（直徑 246cm）
- 橡皮刮刀
- 菜刀
- 砧板
- 調理缽
- 濾網
- 削皮器
- 調理筷
- 圓杓
- 料理夾
- 磨泥器
- 量杯、量匙
- 微波爐
- 電鍋

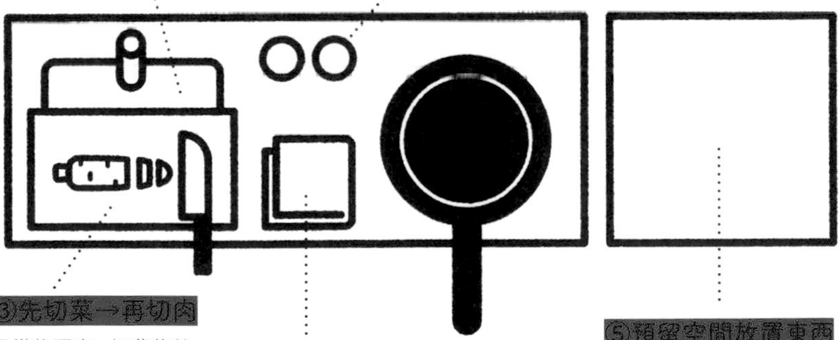
②水槽保持淨空
使用完畢的調理缽、平底鍋可以放這裡
①將料理中會用到的調味料、器具先拿出來
做菜時才不會手忙腳亂
這樣的順序，切菜後就不用多清洗一次砧板
④備妥擦拭布
切完蔬菜砧板變得濕濕的，擦一擦就能恢復原狀
需要熱湯時，有地方放碗盤的話，就能避免亂了手腳

本書的使用方法

本書中，每個月會以一種食材爲主角，再搭配數種蔬菜和肉類，只要每週下廚三次、每次製作一菜一湯，就能將列出的所有材料用完。因爲選的都是很下飯的菜色，請試著用白飯搭配一菜一湯。

◎食材清單

食材清單只要煮三次就能全部用完。基本上都是一人份，放到隔天吃也很美味的菜色，份量則會稍微多一些。若是兩人吃的話，請將食材的份量加倍。

◎常備調味料・乾貨　※挑選訣竅請參考第144頁調味料

沒有記載在食材清單的常備調味料。「さしすせそ」＝砂糖、鹽、醋、醬油、味噌。此外還有胡椒、味醂、清酒、香油、橄欖油、高湯粉、鹽昆布、蝦米、柴魚片、芝麻。只寫「油」的時候，最好使用沒有特殊風味的油類，像是沙拉油或米油。沒有的話，用香油和橄欖油也可以。

◎＋α調味料

常備調味料以外的必須調味料（市售生蒜醬、沾麵醬、美乃滋、檸檬汁等等）。

◎事先做好

後續會拿來應用變化的常備菜，一開始就得先做好。

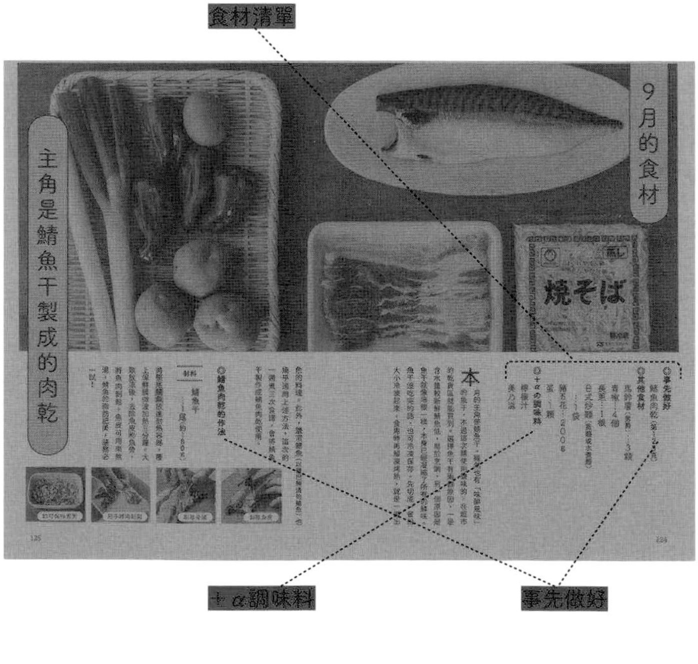

◎三天份的順序

第一天、第二天的烹調時間，基本上在十五～二十分鐘內就可完成。第三天的話，最長也會在四十五分鐘內（大多是燉煮）完成（事先做好的部分不計算在內）。

◎食譜

文中會略去清洗蔬菜、去除蒂頭之類的手續，請適度爲之。順帶一提，外皮的部分，除非有損傷或乾老，否則我大多不會削掉。請依自己的喜好進行。

◎從右頁開始製作

就算家中只有一口爐也能做到，請先製作右頁的料理，接著再做左頁的。按此順序熱食就能趁熱吃、冷食趁冷吃。

◎關於替代食材

第二週以後，使用替代食材時的注意事項。

【其他】

◎計量單位爲一大匙＝十五毫升、一小匙＝五毫升。皆爲平匙。

◎本書中的「高湯」，使用的是昆布高湯粉（無鹽）。兩百毫升的味噌湯加一小撮高湯粉（大約一克），味道剛剛好。覺得不夠鹹的話，請再適度調整。不只昆布高湯，也可隨喜好使用柴魚片、小魚乾等等。

◎本書爲了讓做菜新手也能順利製作，因此調味料會確實寫出份量，等做菜上手了之後，還請依喜好自由調整味道和食材大小。

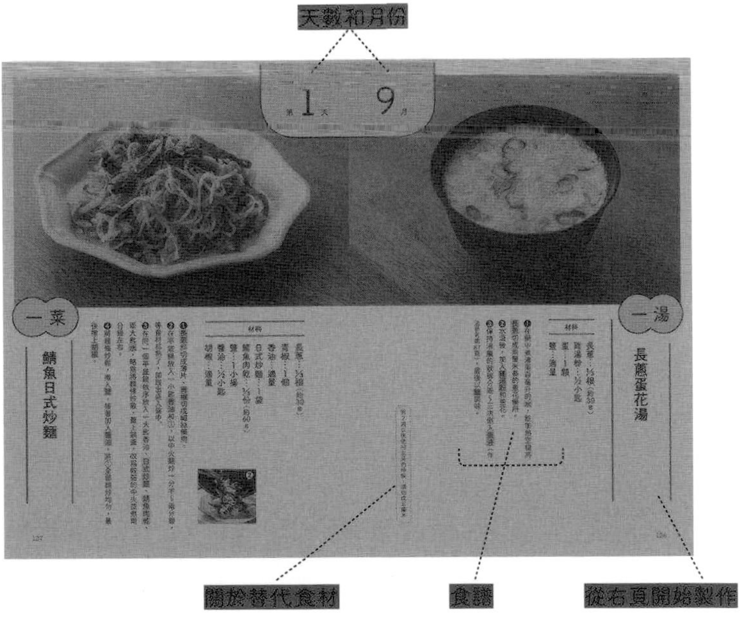

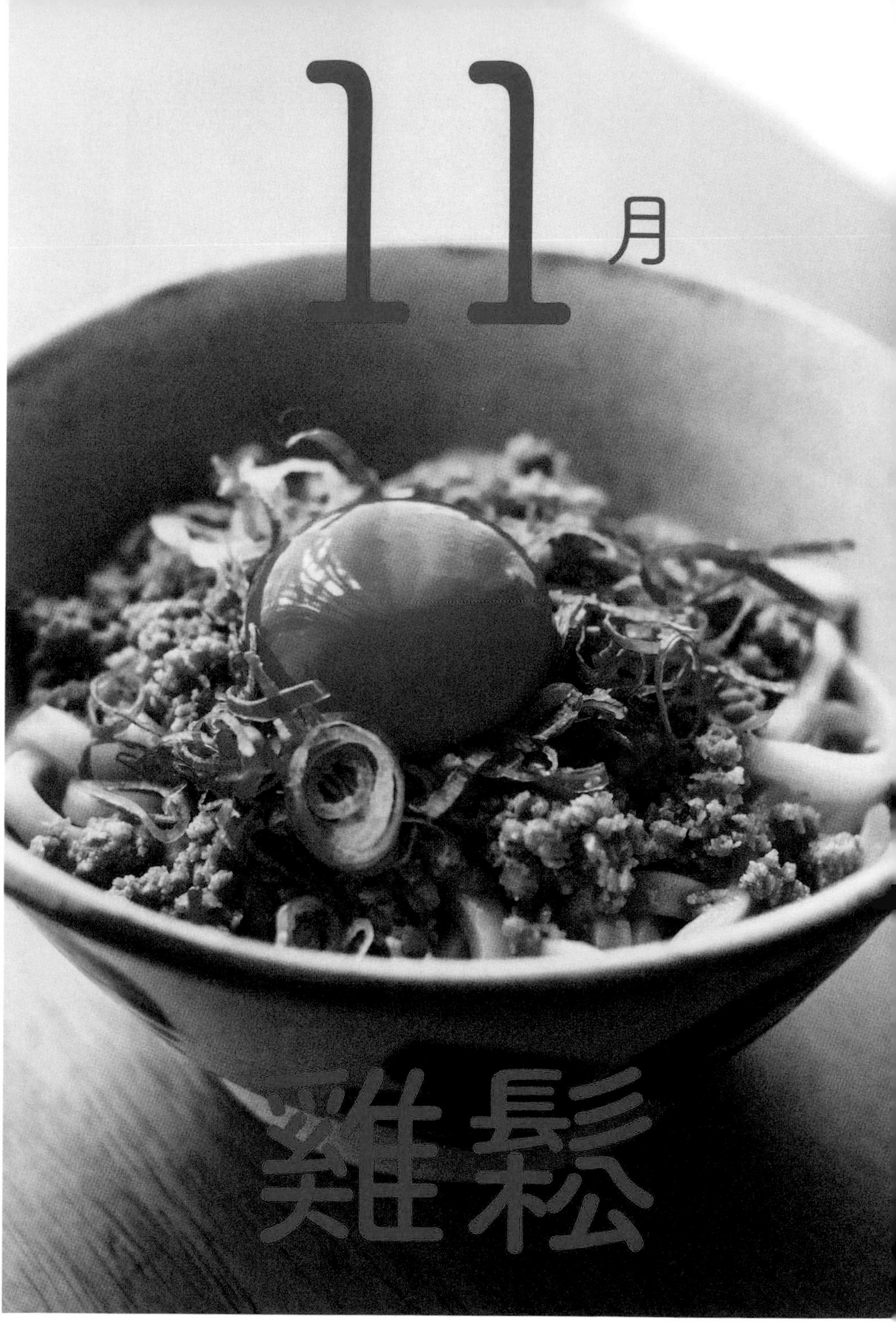
11月
雞鬆

	一湯	一菜
第1天	 波菜洋蔥中華風味湯	 雞鬆拌麵
第2天	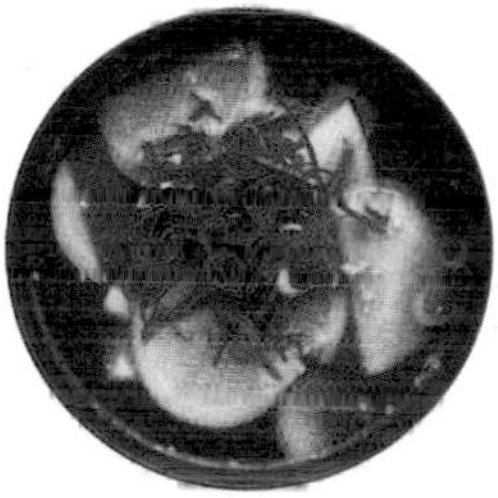 蕪菁雞鬆湯	 波菜洋蔥拌柴魚片
第3天	 蕪菁、蕪菁葉、 炸豆皮味噌湯	 雞鬆親子蓋飯
第2週以後	蕪菁可換成白蘿蔔， 菠菜可用青江菜代替。	

11月的食材

◎**事先做好**

雞鬆（做法參見第21頁）

◎**當季食材**

菠菜…1把

蕪菁…2個（最好帶葉子）

◎**其他食材**

炸豆皮…1片

蔥花…1盒

洋蔥…1顆

冷凍烏龍麵…1份

蛋…2顆

柴魚片

本月主角是參考和風料理食譜網站『sirogohan.com』的雞鬆。

主角是雞鬆

◎sirogohan.com網站上的雞鬆作法

材料

雞絞肉…200g
醬油…3大匙
砂糖…2大匙
酒…1大匙

※sirogohan.com的食譜是砂糖三大匙，為方便記，這裡減為兩大匙。

❶將所有材料放入鍋中，開火前先攪拌均勻。用四根筷子攪拌至雞絞肉沒有結塊爲止。

❷開中火，邊用筷子攪拌雞肉。雞肉開始變色後，立刻加快攪拌速度，小心拌炒至沒有任何結塊爲止。

❸炒至鍋底幾乎沒有水分，就算完成了。

一湯

菠菜洋蔥中式風味湯

材料

洋蔥⋯1/3個
菠菜⋯1/3把
雞湯粉⋯1/2小匙
鹽⋯1小撮
蛋白⋯1個（蛋黃留在第23頁食譜使用）

❶在鍋中放入兩百毫升的水及洋蔥，煮滾。煮滾期間將菠菜切成五公分的長度，用保鮮膜包起來微波一分鐘。
❷將菠菜放入冷水降溫，再將變溫的菠菜稍微擠乾後放入煮沸的❶中。加入雞湯粉和鹽。
❸再次煮滾後淋入蛋白，靜置三秒後輕輕攪拌。

第二週以後買來的青江菜澀味會變少，可以不用微波加熱，湯滾後直接丟進去煮即可。

可做成涼麵或熱麵，請按照心情選擇。

一菜

雞鬆拌麵

材料

冷凍烏龍麵…1份
醬油…1小匙
香油…1小匙
雞鬆…½份（約100g）
蛋黃…1個
蔥花…喜歡的份量

改用麵線或喜歡的麵條也OK

❶將冷凍烏龍麵放進微波爐，按照包裝說明的時間加熱。
❷將❶放入碗公，淋上醬油和香油，和麵條攪拌均勻，再盛上雞鬆、蛋黃、蔥花。

在意澀味的話，可以先過冷水沖洗

一菜

波菜洋蔥拌柴魚片

材料

洋蔥……⅓顆
菠菜……⅔把
油……1小匙
醬油……1小匙
柴魚片……喜歡的份量

❶洋蔥切成五釐米的薄片，放入耐熱容器覆上保鮮膜，微波加熱兩分鐘。

❷菠菜切成五公分長，放入加熱過的洋蔥中，繼續微波加熱兩分鐘。

❸放入油、醬油、柴魚片攪拌均勻。

在根部處切開一公分，將泥沙沖洗乾淨。嫌麻煩的話也可以直接切掉

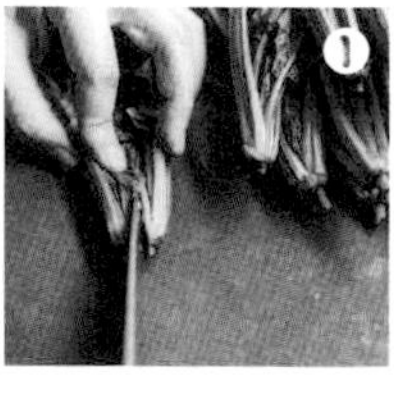

第2天

一湯

蕪菁雞鬆湯

材料

蕪菁……1顆
高湯……200㎖
雞鬆……¼份（約50g）
鹽……適量

❶將蕪菁對半切開，再切成五釐米的薄片。

❷在鍋中放入高湯和蕪菁，沸騰後加入雞鬆。續煮約兩分鐘待材料都熟了後，嚐嚐味道，再以鹽調味。

可依喜好撒上蔥花

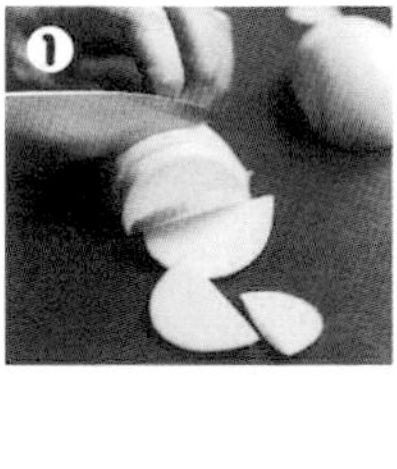

11月

一湯

蕪菁、蕪菁葉、炸豆皮味噌湯

材料

蕪菁…1顆
蕪菁葉…1顆（沒有也沒關係）
炸豆皮…½片
高湯…200㎖
味噌…1大匙

❶將蕪菁對半切開，再切成五釐米的薄片，蕪菁葉、炸豆皮切成適口大小。
❷在鍋中放入高湯和蕪菁，轉中火。
❸沸騰後，加入蕪菁葉和炸豆皮，約一分鐘後關火，加入味噌攪拌均勻。

◎**蕪菁葉香鬆**

萬一有多的葉子…

蕪菁葉切成一公分長，如果有炸豆皮的話切成適口大小。平底鍋倒入香油，油熱了之後，將所有材料放入鍋中，翻炒兩分半～三分鐘至菜葉變軟為止，醬油和味醂以一以一的比例慢慢調味，關火撒上柴魚片拌勻。炸豆皮也可用吻仔魚等代替。

第 2 週以後的蘿蔔葉也可做成一樣的小菜。

一菜

雞鬆親子蓋飯

材料

- 洋蔥…⅓顆
- 雞鬆…¼份（約50g）
- 酒…1大匙
- 蛋…1顆
- 鹽…1小撮
- 白飯…1碗
- 蔥花…喜歡的份量

❶洋蔥切成兩釐米的薄片備用，鍋中放入八十毫升的水煮沸。

❷水滾後，加入洋蔥、雞鬆、酒，轉中火煮一分半~兩分鐘。趁煮滾的空檔，將蛋打散。

❸洋蔥煮熟後加入鹽，蛋液分兩次倒入，加蓋悶蒸約一分鐘。起鍋，盛在白飯上頭，撒上蔥花。

第一次加蛋液，煮三十秒，第兩次加蛋液後，立刻關火

12月
大白菜

	一湯	一菜
第1天	 大白菜蝦米湯	 豆腐炒菇菌
第2天	 豆腐蛋花湯	 大白菜、豬肉、 鴻喜菇燴飯
第3天	 豬肉豆腐	
第2週以後	豆腐可換成油豆腐， 鴻喜菇、香菇可用舞菇、金針菇代替。 	

12月的食材

◎當季食材

大白菜…¼顆

◎其他食材

鴻喜菇…1盒

香菇…1盒

木棉豆腐…1盒（300g左右）

豬五花…200g

蛋…2個

蝦米

柴魚片

◎+α調味料

太白粉

到冬天，就會想吃大白菜。

大白菜味道清淡，適合醃漬、沙拉、熱炒、燉煮、火鍋，是冬天餐桌上最活躍的食材。吃到煮得爛爛的完全入味的白菜，就會覺得冬天果真來了呢！大白菜外側的菜葉較硬，適合熱炒，中間的部分可拿來燉煮或煮火鍋，大白菜心味道非常甜，適合沙拉之類的生食。

主角是千變萬化的大白菜

挑選大白菜的三大重點：

①拿起來沉甸甸的

②葉片與葉片之間沒有空隙

③切面平整，沒有隆起

大白菜表面的黑點是多酚浮出之故，對於味道並沒有影響。

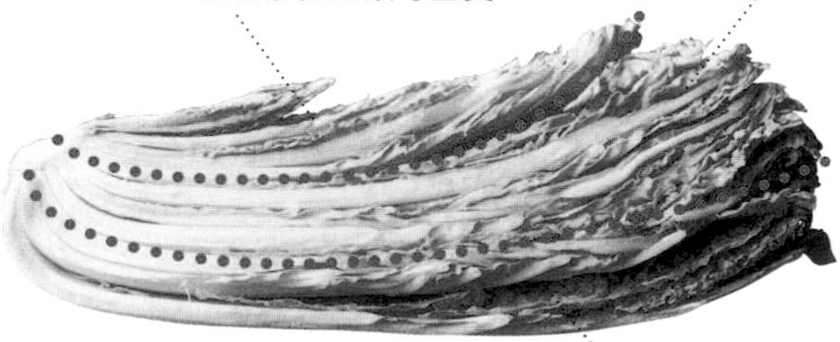

12月

一湯

大白菜蝦米湯

材料

蝦米…1小撮
大白菜(中間部分)…2片(可放進湯碗的份量)
鹽…1小撮

❶在鍋中加入二百毫升的水、蝦米,轉中火煮。趁煮滾的空檔將大白菜切成一公分長。
❷沸騰後加入大白菜,續煮兩分半~三分鐘至大白菜熟透爲止。嚐味道,用鹽調味。

小心別翻炒過度，以免菌菇出水

一菜

豆腐炒菇菌

材料

木綿豆腐…½盒
鴻喜菇…½盒
香菇…½盒
蛋…1顆
鹽…適量
香油…1大匙
醬油…1小匙
柴魚片…喜歡的份量

❶豆腐先微波加熱去除水分，再以湯匙分成一口大小。鴻喜菇、香菇切成適口大小。蛋打成蛋液，加入一小撮鹽。

❷在平底鍋倒入香油轉中火，加入菌菇適度翻炒（做法參考第77頁）約兩分鐘，直至呈現金黃色。後續加入豆腐、一小撮鹽、醬油，適度翻炒約兩分鐘。

❸將食材推到鍋邊，倒入蛋液。蛋液煮到半熟後，再與其他食材一起攪拌均勻，關火。最後撒上柴魚片。

豆腐以廚房紙巾包住，放入耐熱容器，微波加熱約兩分鐘，即可除去水分。當心別燙傷了

一湯

豆腐蛋花湯

材料

- 蛋…1顆
- 雞湯粉…$\frac{1}{2}$小匙
- 木綿豆腐…$\frac{1}{4}$盒
- 鹽…1小撮

❶在鍋中燒開二百毫升的水，趁煮水的空檔將蛋打散。

❷水滾後，加入雞湯粉，用手剝碎豆腐後直接加入鍋中。

❸水再度沸騰後，分兩次倒入蛋液（倒法參考第87頁），以鹽調味。

第2週以後改成油豆腐時，改用刀子切成適口大小。

不想那麼認真的時候就不勾芡，
炒一炒就吃了吧
為了下飯，芡汁的味道可以調重一點

一菜

大白菜、豬肉、鴻喜菇燴飯

材料

- 大白菜（外側部分）…3片
- 鴻喜菇…½盒
- 豬五花…¼份（約50g）
- 太白粉…1又½大匙
- 香油…1大匙
- 雞湯粉…½小匙
- 鹽…2小撮
- 醬油…½小匙
- 白飯…1碗

❶將大白菜分成外緣的菜葉和中間的菜梗，菜梗切成細絲，葉片以手撕碎。鴻喜菇剝成容易食用的大小。豬肉切成三公分長的薄片，加入鹽和少許胡椒（份量外）抓醃。用三大匙的水溶化太白粉，調成太白粉水備用。

❷在平底鍋倒入香油，中火翻炒豬肉一分鐘，續加入大白菜梗和鴻喜菇，炒兩分鐘左右。食材都熟透後，加入一百五十毫升的水和白菜葉，炒兩分鐘。

❸熟了後，加入雞湯粉、鹽、醬油，在倒入太白粉水時一邊攪拌勾芡。最後再淋在白飯上。

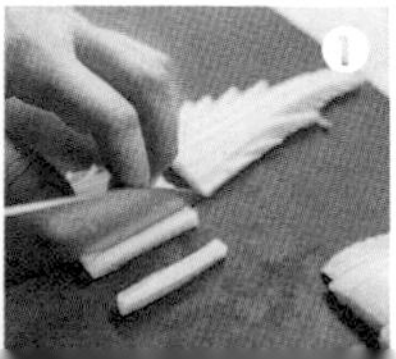
菜梗順著纖維切的話，就能保持脆脆的口感

等到食材都熟了，再一點一點倒入太白粉水勾芡

2月 第3天

感覺好像很複雜的料理，其實只要放入材料炒熟就行了

一湯一菜

豬肉豆腐

材料

木綿豆腐…¼盒
大白菜（中間部分）…3片
豬五花…¾份（約150g）
香菇…½盒
醬油…2大匙
味醂…2大匙
酒…1大匙
鹽…1小撮

❶豆腐去除水分（做法參考第33頁），大白菜、豬肉、香菇切成適口大小。
❷在偏深口的平底鍋加入一百毫升的水、醬油、味醂、酒、鹽，轉中火煮滾。
❸沸騰後加入所有食材，蓋上鍋蓋以小火悶煮十分鐘左右，入味後就完成了。

盡可能將豆腐以外的材料攪拌均勻，如此一來味道才會平均。

豬肉豆腐和大白菜的應用食譜

大白菜和鹽昆布的淺漬泡菜

材料

大白菜⋯約 100g
鹽昆布⋯10g

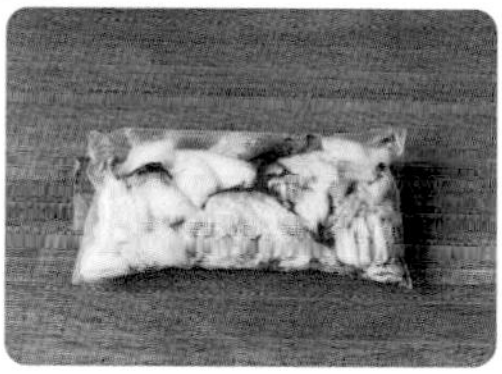

將全部材料放入密封袋，
用手捏揉至入味。

大白菜鮪魚沙拉

材料

大白菜⋯約 100g
鮪魚罐⋯1 罐
橄欖油⋯1 大匙
檸檬汁（或醋）⋯1/2 大匙
鹽⋯1 小撮

在調理缽放入切成一公分長的大白菜、去除汁液的鮪魚罐。續加入橄欖油、檸檬汁（或醋）、鹽，攪拌均勻。最後隨喜好撒上胡椒。

豬肉豆腐烏龍麵

第 36 頁剩下的豬肉豆腐加入烏龍麵或喜歡的麵條。

若是冷凍麵條的話，
請先解凍再加入。

替代食材

冰箱剛好沒有……這種時候也沒關係

自煮，就是將一連串組合剩餘食材和添購食材的過程。原以爲冰箱還有、結果卻沒有，或是不小心就忘記買了，都是家常便飯。

不過，只要找到替代品就沒問題。萬一原本想買的價格太高，也可以替換成更爲平價的食材。

本書也提供了「第二週可更換食材」的做法。

以下將介紹，可以互相代換的食材。

口感類似的食材

菠菜
⇔

油菜

四季豆
⇔

甜豆

馬鈴薯
⇔

芋頭

雞胸絞肉
⇔
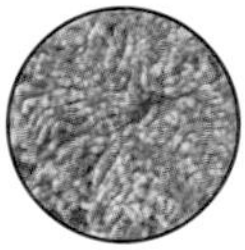
豬絞肉

味道類似的食材

 ⇔ 

洋蔥 ⇔ 長蔥

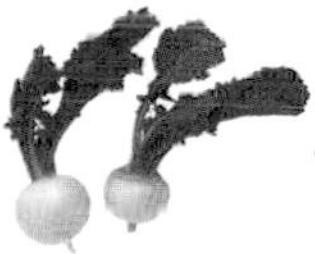 ⇔ 

蕪菁 ⇔ 白蘿蔔

 ⇔ 

天婦羅 ⇔ 竹輪

香味類似的食材

 ⇔ 

珠蔥 ⇔ 水芹

 ⇔ 

紫蘇 ⇔ 茗荷

 ⇔ 

大蒜 ⇔ 薑

菇類一家親

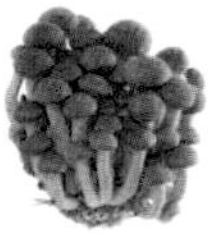 ⇔  ⇔ 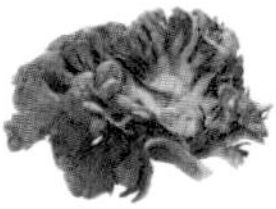 ⇔ 

鴻喜菇 ⇔ 香菇 ⇔ 舞菇 ⇔ 金針菇

1月
白蘿蔔

	一湯	一菜
第 1 天	 白蘿蔔泥雞肉烏龍麵	
第 2 天	 水芹馬鈴薯味噌湯	＋  甜不辣、白蘿蔔、水芹沙拉
第 3 天	 甜不辣白蘿蔔皮味噌湯	＋  白蘿蔔滷雞肉
第 2 週以後	水芹可換成珠蔥， 甜不辣可用竹輪代替。	 

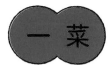

1月的食材

◎當季食材
白蘿蔔…500g（上半段較好）
水芹…1把

◎其他食材
雞腿肉…1片（約300g）
甜不辣…1盒
冷凍烏龍麵…1份
馬鈴薯…1顆
柴魚片
芝麻

◎+α調味料
沾麵醬（三倍濃縮）

本月的主角是白蘿蔔。它和大白菜一樣，都是冬季的代表蔬菜。

白蘿蔔富含營養，特別是有助消化的酵素。白蘿蔔的上、中、下部位，味道都不一樣，上段甘甜水分多，適合做成沙拉。

中段是均衡的圓柱型，加上口感較硬，適合用來燉煮。

主角是實用百搭的白蘿蔔

下段的風味較爲辛辣，適合味噌湯等熱食的料理。

選擇白蘿蔔有三大重點：

①拿來起沉甸甸的

②凹陷處（鬚根的地方）如圖呈現筆直排列

③顏色白皙，表皮細緻，無明顯傷痕

本書也會拿來製作沙拉，請盡可能買『上半段』的部分。

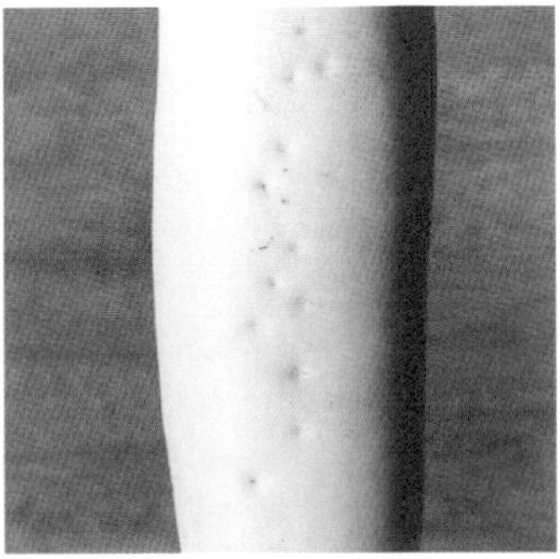

一湯一菜

白蘿蔔泥雞肉烏龍麵

材料

高湯…300ml
白蘿蔔…1/5份
雞腿肉…1/3份（約100g／皮也要）
水芹…1/3把
冷凍烏龍麵…1份（喜歡的麵類都行）
沾麵醬…1小匙
鹽…1小撮
芝麻…喜歡的份量

因為調味清淡，建議使用味道濃郁的雞腿肉，想用雞胸肉也可以

❶在鍋中煮沸高湯。白蘿蔔磨成泥，雞肉連皮切成一口大小，水芹切成小段。冷凍烏龍麵按照包裝說明的時間微波加熱。

❷湯滾後，放入白蘿蔔泥（連汁液）和雞肉，轉中火煮五分鐘。

❸加入沾麵醬、鹽、烏龍麵，續煮一分鐘。盛入碗中，撒上水芹和芝麻。

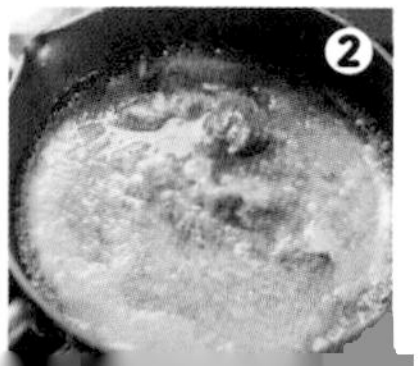

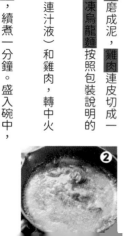

白蘿蔔泥的應用食譜

白蘿蔔泥滷雞肉

材料

雞腿肉…300g
醬油…1又1/2大匙
酒…1又1/2大匙
白蘿蔔…200g

在鍋中放入切成一口大小的雞腿肉、醬油、酒、帶汁液的白蘿蔔泥，蓋上鍋蓋以小火悶煮十分鐘。雞肉熟了後嚐味道，不夠鹹的話就再加鹽。

白蘿蔔泥滷冷凍甜不辣

材料

冷凍甜不辣…4～5個
醬油…1/2小匙
白蘿蔔…100g

若是冷凍甜不辣，就按照包裝說明解凍。在鍋中放入醬油和帶汁液的白蘿蔔泥，煮滾後加入甜不辣煮三十秒～一分鐘，同時一邊舀蘿蔔泥澆淋甜不辣。

想吃酸一點就加醋

一菜

甜不辣、白蘿蔔、水芹沙拉

材料

白蘿蔔⋯⅕份
甜不辣⋯2片
水芹⋯⅓把
油⋯2小匙
醬油⋯1小匙
柴魚片⋯適量

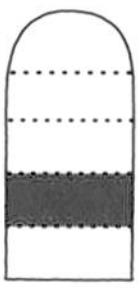

❶白蘿蔔切成三公分長的細絲。天婦羅切成五公分長、水芹切成四公分長。

❷將材料放入調理缽，倒進油、醬油拌勻。調味料都沾勻食材後，再撒上柴魚片和水芹。

在冰箱放置一晚會更入味，變成軟軟的口感。

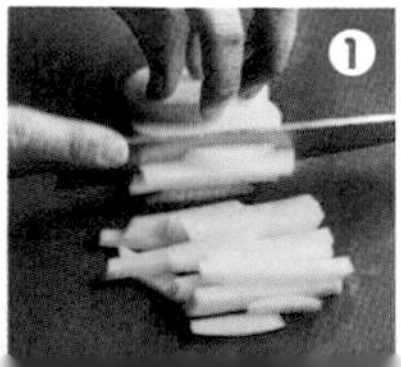

先切成片狀，再排整齊切成細絲

一湯

水芹馬鈴薯味噌湯

材料

馬鈴薯…1顆
高湯…200㎖
水芹…⅓把
味噌…1大匙

❶馬鈴薯切成一點五公分厚的扇形，放進耐熱容器，加一大匙水，覆上保鮮膜微波加熱兩分鐘。趁加熱空檔，將兩百毫升的高湯放進鍋中煮至沸騰。

❷湯滾後加入馬鈴薯，煮一～兩分鐘。將水芹切成適口大小，馬鈴薯熟了後馬上關火，將味噌溶入湯中，最後撒上水芹。

一菜

白蘿蔔滷雞肉

材料

白蘿蔔…$3/5$份
雞腿肉…$2/3$份（約200g）
油…1大匙
醬油…2大匙
味醂…2大匙
酒…1大匙

❶白蘿蔔削完皮切成兩公分厚的扇形，雞肉切成一口大小。

❷在鍋中淋油，雞皮朝下放入以中火煎。將白蘿蔔放入耐熱容器，加入一大匙的水，覆上包鮮膜，微波加熱兩分鐘。

❸雞肉表面煎成金黃色後即可加入白蘿蔔、二百五十毫升的水、醬油、味醂、酒，以小火燉煮十五～二十分鐘。

用廚房紙巾當內蓋

一汁

甜不辣白蘿蔔皮味噌湯

材料

高湯⋯200㎖
甜不辣⋯1片
白蘿蔔皮⋯第48頁削掉的地方
味噌⋯1大匙

食材有剩的話，就直接當成小菜吃掉

❶在鍋中放入高湯、切成一口大小的甜不辣、製作『一菜』時剩下的白蘿蔔皮，轉中火煮。

❷一分半～兩分鐘後即可關火，溶入味噌，最後撒上水芹。

2月

紅蘿蔔 馬鈴薯 洋蔥

	一湯		一菜
第1天	 菠菜蝦米豆漿味噌湯	+	 鱈魚子炒紅蘿蔔
第2天	 豬肉湯	+	 拌菠菜
第3天	 有賀薰小姐的 紅蘿蔔鹽味湯	+	 樋口直哉先生的 馬鈴薯燉肉
第2週以後	菠菜可換成青江菜， 鱈魚子可用明太子代替。		 

2月的食材

◎當季食材

馬鈴薯（五月皇后品種）…4顆
紅蘿蔔…2條
洋蔥…1顆
菠菜…1把

◎其他食材

豬五花…150g
鱈魚子…1盒
無糖豆漿…200ml包裝
柴魚片
蝦米

紅蘿蔔、馬鈴薯、洋蔥都是能在冰箱久放的常備蔬菜。紅蘿蔔能爲欠缺色彩的冬季餐桌增添一抹顏色，請盡量選擇外皮是深橘色的吧。另外，蒂頭直徑較小的紅蘿蔔，連芯的部分吃起來也是軟的呢！

馬鈴薯非常實用，適用於生食以外的所有烹調方式。大致可分爲兩個品種，男爵呈現拳頭狀，特徵是口感鬆軟，適合馬鈴薯沙拉之類的泥狀

主角是自煮良伴：紅蘿蔔、馬鈴薯、洋蔥

料理。另一種是表面光滑、呈現橢圓狀的五月皇后。因爲久煮不散，適合燉煮料理。這次使用的是五月皇后。請盡量避開表面出現皺褶、或是已經出芽的馬鈴薯。

洋蔥可加進各式各樣的料理中，作爲基礎的味道。請盡量挑選損傷少、富光澤、外皮較爲乾燥的。拿起時有沉甸甸的手感，也是選購重點之一。

鱈魚子的鮮味和紅蘿蔔的甜味是絕配！

一菜

鱈魚子炒紅蘿蔔

材料

紅蘿蔔…1根
油…1大匙
鱈魚子…1條
酒…1小匙
鹽…適量

❶紅蘿蔔按照第88頁的方式切成細絲。在平底鍋放入紅蘿蔔和油，以中火翻炒三分鐘。用湯匙刮出鱈魚卵，加入酒拌勻。

❷紅蘿蔔炒熟了後加入鱈魚卵，炒至魚卵呈現白色。因爲魚卵已經帶有鹹味，加鹽時勿下重手。

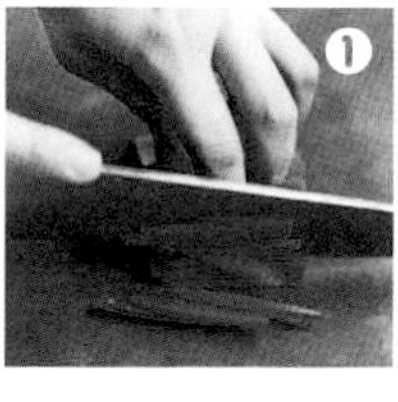

先切成五釐米的薄片，再排好切成細絲

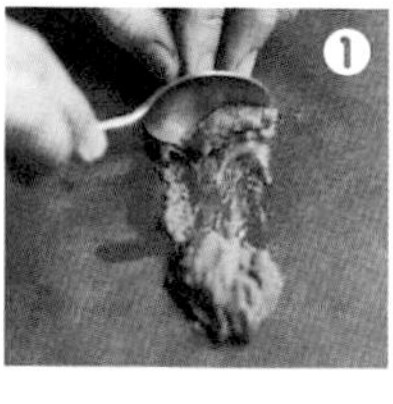

鱈魚子如果有剩的話，可以直接拿來配飯，或在第二週後複習使用。將魚卵從薄膜刮出冷凍保存，想用時就能直接使用（建議放常溫解凍）。

沒有豆漿的話，直接煮成味噌湯也可以

一湯

菠菜蝦米豆漿味噌湯

材料

- 蝦米…1小撮
- 菠菜…⅓把
- 味噌…1大匙
- 無糖豆漿…100ml

洗法請參考第24頁

❶ 在鍋中放入一百毫升的水和蝦米，煮至沸騰。菠菜用保鮮膜包起來，微波加熱一分鐘，接著再浸泡冷水降溫，略爲擰乾後切成五公分長。

❷ 水滾後加入菠菜，再度沸騰後調整爲小火，一邊溶入味噌。

❸ 倒入豆漿，水滾，即完成。

豆漿煮沸會分離，還請當心

菠菜帶有澀味，所以必須先熱過菜。第二週以後才開始使用的青江菜澀味會較少，不用微波，直接煮也OK。

2月

一菜

拌菠菜

材料

菠菜⋯⅔把
醬油⋯2小匙
柴魚片⋯適量

也可用沾麵醬

❶菠菜不用切直接用保鮮膜包起來微波加熱兩分鐘，接著泡入冷水降溫，擠乾水分後切成五公分長。
❷拌入醬油，撒上柴魚片。

豬肉湯是救火料理，將冰箱剩餘的蔬菜邊角通通丟進去，再加上豬肉提鮮，就是一道美味的湯品。

一湯

豬肉湯

材料

洋蔥…¼顆
紅蘿蔔…⅓條
馬鈴薯…1顆
豬五花…⅓份（約50g）
油…½小匙
味噌…1大匙

❶洋蔥、紅蘿蔔切成五釐米薄片，馬鈴薯削皮後，對切再對切，每一片切成一點五公分厚的扇形，豬五花每段切成三公分長。將紅蘿蔔和馬鈴薯放入耐熱容器，加一大匙的水，覆上保鮮膜微波加熱兩分鐘。

❷在鍋中放入油、馬鈴薯、豬肉，以中火翻炒約兩分鐘。洋蔥軟爛後續入兩百毫升的水、紅蘿蔔、馬鈴薯，沸騰即改爲小火，繼續加熱六～七分鐘。

❸全部食材都熟了就關火，溶入味噌。

一菜

樋口直哉先生的馬鈴薯燉肉

材料

馬鈴薯⋯3顆
洋蔥⋯¾顆
豬五花⋯⅔份（約100g）
味醂⋯2大匙
醬油⋯1又½大匙

❶馬鈴薯切成三公分的塊狀、洋蔥逆著纖維切成七釐米長。

❷在鍋中放入洋蔥和豬肉，以中火翻炒四分鐘。炒成金黃色後，再加入馬鈴薯、水二百五十毫升、味醂、醬油。

❸沸騰後，轉小火燉煮二十分鐘，關火放置十分鐘，即完成。

不用撈除表面的浮沫

一湯

有賀薰小姐的
紅蘿蔔鹽味湯

材料

紅蘿蔔…$\frac{2}{3}$根
橄欖油…1小匙
鹽…2小撮（約2g）

❶紅蘿蔔去皮，切成八釐米寬的圓片。蘿蔔皮別丟掉，之後還會用到。

❷在鍋中放入紅蘿蔔、橄欖油、鹽、水一百毫升，略爲攪拌一下，紅蘿蔔皮也放入鍋中，蓋上鍋蓋轉中火煮十～十二分鐘。途中打開鍋蓋觀察，水變少的話，就再加水。

❸紅蘿蔔變軟後取出蘿蔔皮，續入一百五十毫升的水，略煮滾後嚐嚐味道，不夠鹹的話，就加鹽調味。

3月
高麗菜

	一湯		一菜
第 1 天	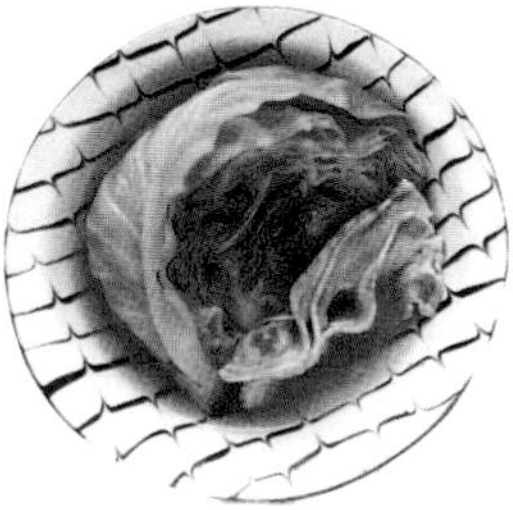 有賀薰小姐的集香高麗菜湯	＋	 吻仔魚紅蘿蔔炒花椰菜
第 2 天	 花椰菜雞肉豆漿湯	＋	 吻仔魚拌高麗菜
第 3 天	 烤花椰菜培根湯	＋	 飯島奈美小姐的雞肉燉馬鈴薯
第 2 週以後	花椰菜可換成油菜花， 培根可用熱狗代替。		

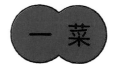

3月的食材

◎**當季食材**
高麗菜…½顆
花椰菜…1個

◎**其他食材**
馬鈴薯（男爵）…2個
雞腿肉…1片（約300g）
培根…1包
吻仔魚…1盒
無糖豆漿…二百毫升包裝

◎**＋αの調味料**
市售生蒜醬
沾麵醬（三倍濃縮）

高麗菜一年四季都有，價格也很實惠，可使用於各式料理中。三月適值冬春交界，一般來說葉片較硬、也比較捲的冬季高麗菜，以及葉片較軟的春季高麗菜，兩者都能在市場買到。這次使用的是冬季高麗菜，當然春季高麗菜煮起來也很美味。

挑選冬季高麗菜有兩大重點：

主角是口感清甜的高麗菜

①拿起來沉甸甸、有點重量的
②切口新鮮且富含水分
葉片較不捲的是春季高麗菜，請選擇深綠色、葉片帶有光澤的。

春季高麗菜的葉片沒那麼捲，個頭較為瘦長。

3月

一湯

有賀薰小姐的 焦香高麗菜湯

材料

高麗菜…⅓顆

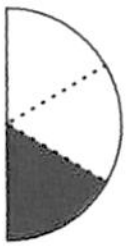

油…1大匙

培根…2片

鹽…½小匙

❶高麗菜像右圖那樣切下三分之一，可用牙籤插住末端以防葉片散開。

❷在鍋中倒入油加熱，將高麗菜放入，以中火煎三～四分鐘至呈現金黃色，在高麗菜旁放入培根，另一面也同樣煎成金黃色。

❸續入三百毫升的水和鹽。沸騰後轉爲小火，蓋上鍋蓋悶煮十五分鐘。葉片變軟後再以鹽調味。

可隨喜好撒上胡椒

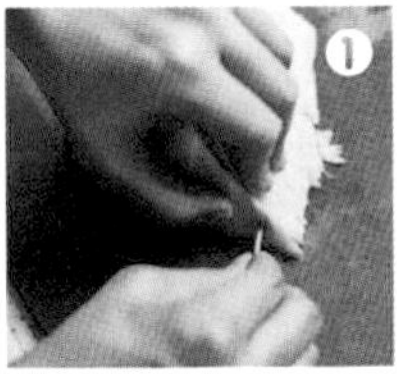

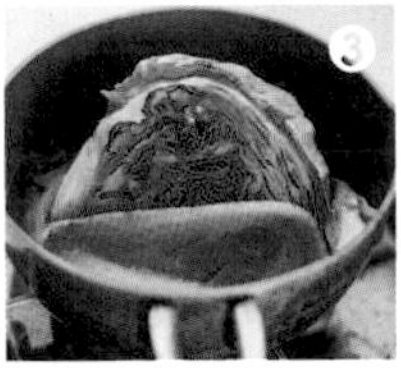

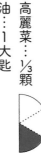

可隨喜好撒上胡椒

一菜

吻仔魚紅蘿蔔炒花椰菜

材料

花椰菜…1顆
橄欖油…2大匙
市售生蒜醬…2公分
吻仔魚…½盒
鹽…1小撮

這道菜只會用到半個，不過一開始就先將整顆汆燙好。

❶將水燒開準備汆燙花椰菜。花椰菜分成小朵，菜心切成一口大小。水滾後汆燙兩分鐘（也可微波加熱兩分鐘），接著以冷水降溫。這次只會用到半顆，剩餘的部分另外保存備用。

❷在平底鍋加入橄欖油、市售生蒜醬、濾乾水分的花椰菜，以中火翻炒。每隔一分鐘翻面一次，大約炒兩分鐘。

❸續入吻仔魚翻炒一分鐘，撒鹽調味。

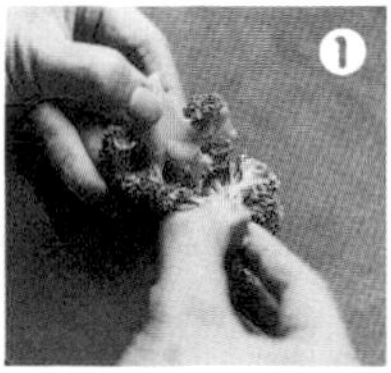

從莖的地方切開，太大朵的話就先從莖下刀，再用手撕開，這樣花蕊就不會散落得到處都是

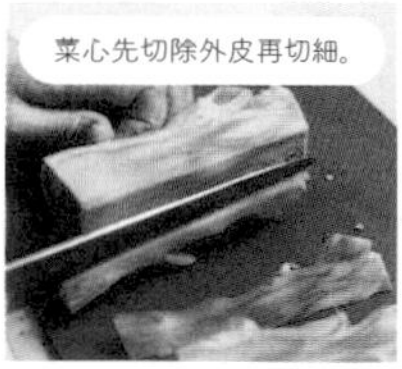

菜心先切除外皮再切細。

油菜花的汆燙時間是一分半～兩分鐘，微波時間也一樣。

3月

一菜

吻仔魚拌高麗菜

材料

高麗菜…⅓份
吻仔魚…½盒
油…1大匙
沾麵醬…1大匙

用醬油也可以

❶高麗菜切成一口大小或用手撕碎，菜心切成薄片。放入耐熱容器微波加熱三～四分鐘。
❷在調理缽中放入高麗菜、吻仔魚、油、沾麵醬攪拌均勻。

吻仔魚已經有鹹味了，請一邊調味一邊試味道

第2天

一汁

花椰菜雞肉豆漿湯

材料

雞腿肉…⅓份（約100g）
橄欖油…1小匙
汆燙花椰菜…¼個
鹽…1小撮
無糖豆漿…100ml

❶雞腿肉切成兩公分塊狀。在鍋中放入橄欖油、雞腿肉，轉中火。
❷翻炒約兩分鐘，雞肉呈現金黃色後，再加入一百毫升的水，煮至沸騰。
❸湯滾後，加入花椰菜、鹽、無糖豆漿，再次滾沸就算完成。

用鮮奶也可以

最後還可淋上橄欖油增添風味

一菜

飯島奈美小姐的 雞肉燉馬鈴薯

材料

雞腿肉…⅔份（約200g）
鹽…適量
馬鈴薯…2顆
高麗菜…⅓份
橄欖油…2小匙
胡椒…適量

❶雞腿肉切成一口大小，撒上半小匙的鹽。馬鈴薯切成一口大小，泡水五分鐘。高麗菜大致切碎。

❷在燒熱的鍋中倒入橄欖油，雞皮朝下以中火煎，煎至金黃色後，依序放入馬鈴薯、高麗菜。

❸倒入一百毫升的水，蓋上鍋蓋以中火悶煮十～十五分鐘，至筷子可以刺穿馬鈴薯的程度。

❹打開鍋蓋，繼續煮三～五分鐘燒乾水分，撒上適量的鹽、胡椒調味。盛盤後將滷汁淋在食材上。

第3天

一汁

烤花椰菜培根湯

材料

橄欖油…½小匙
汆燙花椰菜…¼顆
培根…3片
鹽…1小撮

❶在鍋中放入橄欖油和花椰菜，轉中火。趁煮的空檔，將培根切成適口大小。
❷適度翻炒（做法請參考第77頁）兩分鐘，待花椰菜呈現金黃色後，再加入培根和二百毫升的水。沸騰後以鹽調味。

4月
番茄

	一湯	一菜
第 1 天	 微波煨番茄鯖魚罐頭	 現採洋蔥沙拉
第 2 天	 蘆筍洋蔥湯	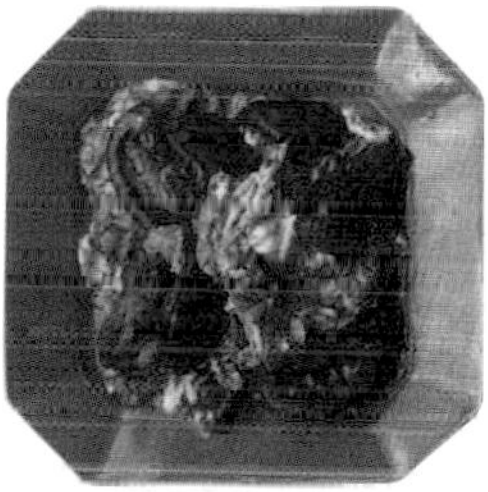 番茄炒蛋
第 3 天	 培根蛋花味噌湯＋蘆筍	 番茄沙拉淋洋蔥醬
第 2 週以後	蘆筍可換成花椰菜， 鯖魚罐頭可用沙丁魚罐頭代替。	 

4月的食材

起司沒吃完的話可冷凍保存三週左右。做成起司烤吐司或加在烤蔬菜上，都很好吃。

◎當季食材

大顆番茄…3顆
蘆筍…1束（5～6根）
現採洋蔥…1顆

◎其他食材

味噌鯖魚罐頭…1罐
起司片…1片
培根…1包
蛋…3顆
柴魚片

◎＋αの調味料

檸檬汁

主角是鮮紅色的番茄

本月的主角是番茄。番茄直接生食或加熱吃都很美味，還可爲餐桌增添一抹色彩。夏天的番茄正當季！多數人都這麼以爲，其實春天才是最美味的季節。因爲番茄原產自南美的高原地區，而春季晝夜溫差大，濕度也不高，這時期的番茄吃起來格外濃郁美味（當然夏天產的也很好吃）。蘆筍和現採洋蔥的產季也是這時期。

挑選番茄有三個重點：

①底部的白筋爲放射狀
②已經完熟呈現鮮紅色，整體的顏色均一
③蒂頭挺立

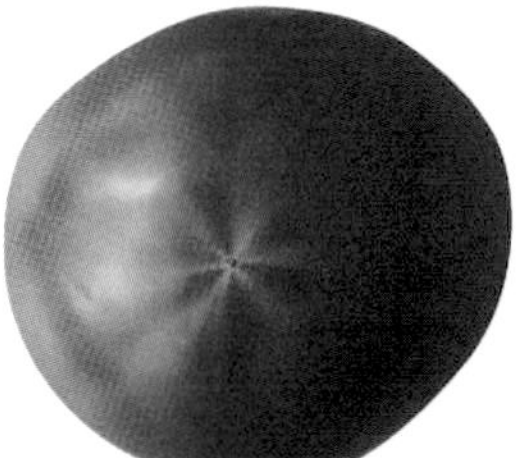

4月

一菜

現採洋蔥沙拉

材料

現採洋蔥…½個
油…1小匙
醬油…1小匙
醋…1小匙
柴魚片…喜歡的份量

❶現採洋蔥盡可能切成薄片，泡水三分鐘。
❷用手將水分完全擠乾，加入油、醬油、醋攪拌均勻，最後撒上柴魚片。

一湯

微波煨番茄鯖魚罐頭

材料

番茄……1顆
味噌鯖魚罐頭……1罐
起司片……1片

❶番茄切成一口大小，味噌鯖魚罐頭瀝掉湯汁、用手將魚肉剝碎。

❷將①放入耐熱容器，覆上保鮮膜微波加熱三分鐘。

❸在②加上起司，覆上保鮮膜微波加熱約二十秒至起司融化爲止。

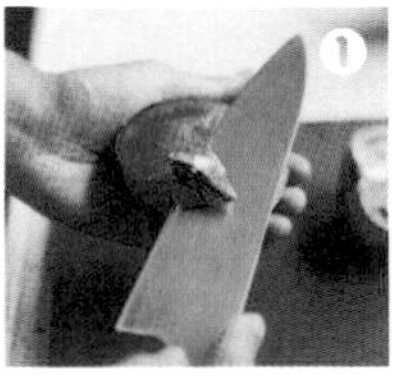

用斜切的方式取下蒂頭

加入罐頭的汁液，整道料理會變得水水的，請將汁瀝乾

一湯

蘆筍洋蔥湯

材料

蘆筍⋯3～4根
現採洋蔥⋯¼顆
培根⋯3片
橄欖油⋯½小匙
鹽⋯1小撮

❶蘆筍削掉下半部三分之一的皮，切成五公分長；現採洋蔥切成三釐米厚，培根切成一公分寬。

❷在鍋中放入橄欖油、洋蔥、培根，以中火翻炒約三分鐘，等炒軟後再加入鹽。

❸倒入兩百毫升的水，沸騰後加入蘆筍煮一分鐘左右。味道不夠的話，就再加鹽。

可隨喜好撒上胡椒

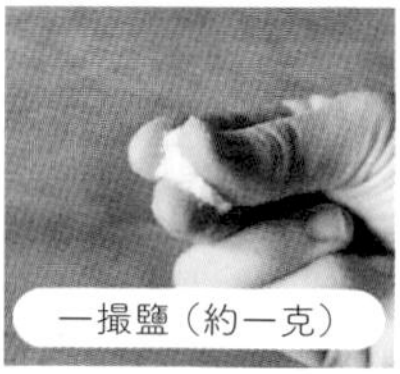

一撮鹽（約一克）

用削皮器撫摸般地輕掠過蘆筍表面，很容易就能削掉皮

一菜

番茄炒蛋

材料

- 番茄……1顆
- 蛋……2顆
- 鹽……1小撮
- 油……1大匙

❶番茄切成扇形，蛋打散加入鹽巴。

❷在平底鍋熱油，鍋熱後加入番茄，轉中火適度翻炒。約一分半後翻面，另一面也適度翻炒三十秒左右。

❸將番茄推至鍋邊，轉大火，在空出來的地方倒入蛋液。將所有食材大致攪拌一下，蛋液呈現半熟狀態後即可盛盤。

所謂的「適度翻炒」，是指每隔三十秒翻炒一次。關鍵在於不過度翻攪。

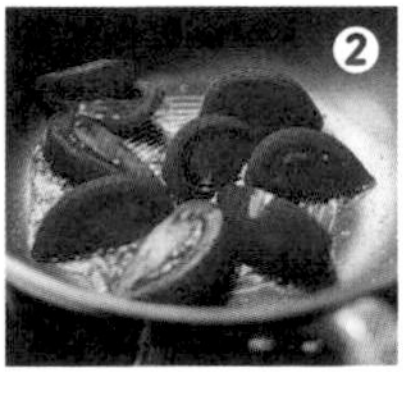

將切面朝下煎炒

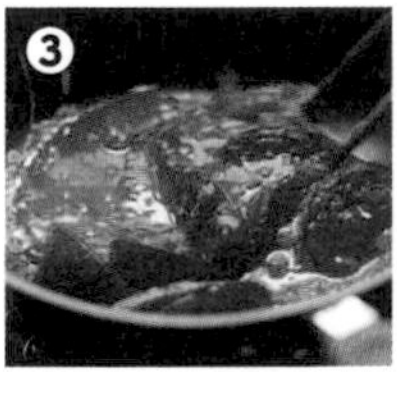

等待數秒，蛋液形成薄膜後才開始翻炒。攪拌過度的話會變成炒蛋，請有耐心地守護著它吧

4月

一菜

番茄沙拉淋洋蔥醬

材料

番茄⋯1顆
現採洋蔥⋯¼顆
檸檬汁⋯1小匙
橄欖油⋯2小匙
鹽⋯1小撮

❶番茄切成扇形，現採洋蔥切成丁。
❷將切好的洋蔥放入調理缽中，加入檸檬汁、橄欖油、鹽攪拌均勻。
❸最後放入番茄，拌勻所有食材。

也可隨喜灑一點胡椒

一湯

培根蛋花味噌湯＋蘆筍

材料

蘆筍…2根
培根…2片
味噌…2小匙
蛋…1顆

❶在鍋中燒開兩百毫升的水。

❷蘆筍、培根切成和第76頁一樣的大小，放入滾水中、轉中火煮一分鐘。

❸轉小火，溶入味噌，接著打一顆蛋進去，煮約一分鐘。盛盤的順序是，先舀湯，再舀料，最後盛上蛋，這樣蛋黃就不容易散開。

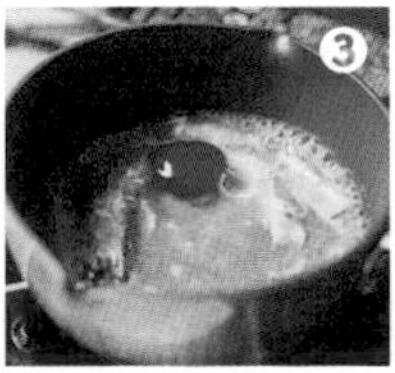

5月
蒸雞肉

	一湯		一菜
第 1 天	 雞湯	+	 蒸雞肉飯
第 2 天	 甜豆蛋花湯	+	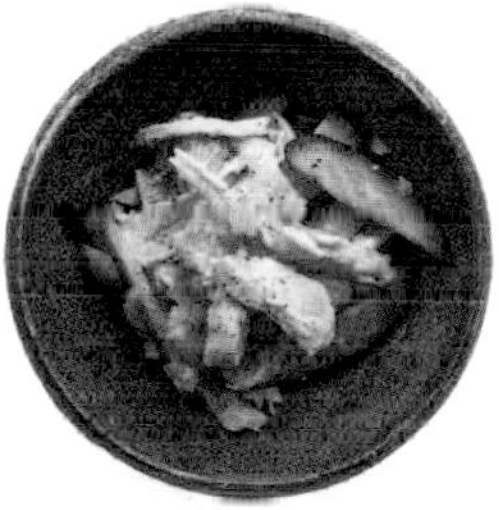 蒸雞肉拌小黃瓜
第 3 天	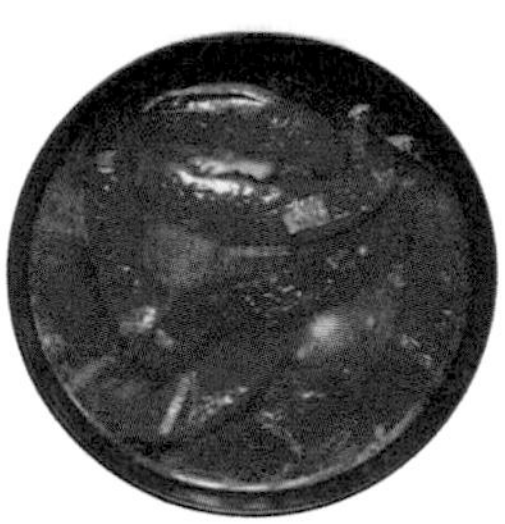 蒸雞肉甜豆湯	+	 紅蘿蔔炒蛋
第 2 週以後	甜豆可換成荷蘭豆， 小黃瓜可用芹菜代替。		 

5月的食材

用雞胸肉做的話味道較清淡，換成雞腿肉的話則味道較濃郁

◎事先做好

蒸雞肉（第83頁）

◎其他食材

小黃瓜…1根

甜豆…1袋

長蔥…1根

薑…小型薑的一段長（約50g）

紅蘿蔔…1條

蛋…2顆

本月的主角是電鍋製作的蒸雞肉。電鍋的保溫模式可維持在七十度左右，因此能製作出不乾不澀、口感濕潤的雞肉。除了直接吃也很好吃之外，還可應用於各式各樣的料理，是很方便的常備菜。

◎蒸雞肉的作法

材料

雞胸肉…1片（約300g）

有時間的話，可用叉子將雞肉刺過一遍，以便入味

主角是事先做好的蒸雞肉

材料

薑皮……一段的份量（約20g）

薑肉留在第84頁食譜使用

長蔥的綠色部分…約10公分長

酒…1大匙

鹽…½小匙

（份量是雞肉的1%，如果肉是300g，鹽就是3g）

燒開三百毫升的水*。趁燒水空檔將薑表面一層厚厚的皮削掉，切下長蔥的綠色部分備用。在電鍋內鍋直接放入雞胸肉、薑皮、長蔥、酒、鹽，倒入煮滾的水，略為攪拌均勻。按下保溫鍵加熱一個半小時。從內鍋取出雞肉和湯汁。

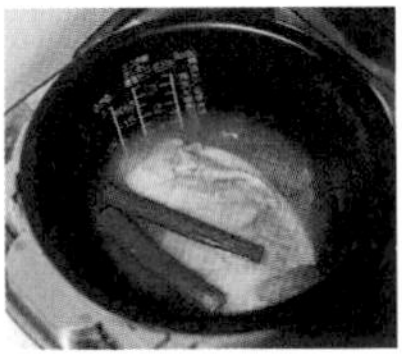

雞肉的鮮味都在湯汁中，所以請別丟棄，移至調理缽備用（留在第85頁食譜使用）。

*這個食譜是以三杯米容量的電鍋製作的。如果超過這個份量的話，加入的滾水就必須以能蓋過雞肉為基準。

5月

搭配小黃瓜可增添口感和色彩。

雞肉已經有調味了，小心別調味得太鹹。

一菜

蒸雞肉飯

材料

蔥醬…4大匙（約60g）

【蔥醬（3天份／120g）】
- 長蔥白色的部分
- 削完皮的薑…約30g
- 香油…3大匙
- 雞湯粉…$\frac{1}{2}$小匙
- 鹽…1小撮

本日會用到製作份量的三分之一

- 小黃瓜…$\frac{1}{3}$根
- 蒸雞肉…$\frac{1}{2}$片（約140g）
- 白飯…1碗

❶首先製作蔥醬。長蔥的白色部分切成蔥花，薑磨成泥。

❷在平底鍋中放入蔥花、薑泥、香油，以中火慢慢煮，小心別燒焦了。約兩分鐘後，等食材都熟了就加入雞湯粉和鹽，混合均勻即可關火。

❸小黃瓜斜切成五釐米的薄片，蒸雞肉切成厚片，和白飯一起盛入盤中。最後淋上蔥醬。

一湯

雞湯

材料

蒸雞肉的湯…200ml

鹽、胡椒…適量

❶家裡有濾網的話，將湯倒入鍋中時，就用濾網一邊撈出細小浮沫，倒完轉中火煮。

❷湯滾後，繼續煮一分鐘，將酒精煮至發揮。浮起來的白色浮沫一遇熱就會凝固，請撈出來不食用。

❸嚐味道，以鹽和胡椒調味。

湯有剩的話，可煮成蛋花湯等等

5月

一菜

蒸雞肉拌小黃瓜

材料

蒸雞肉…¼片（約70g）
小黃瓜…⅔根
蔥醬…2大匙（約30g）

❶用手將蒸雞肉撕成細條，小黃瓜先縱切成兩半，再斜切成薄片。
❷將所有食材放入調理缽拌勻，不夠鹹的話就加鹽調味。

也可隨喜好撒上芝麻或胡椒

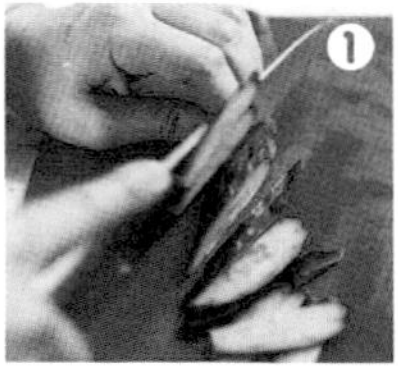

一湯

甜豆蛋花湯

材料

高湯…200ml
甜豆…1/3袋（約5個）
蛋…1顆
味噌…1大匙

❶高湯以中火煮至沸騰，趁煮滾的空檔撕除甜豆的筋，並將蛋打散。
❷湯滾後，放入甜豆煮一分鐘，接著分兩～三次倒入蛋液。
❸關火，溶入味噌。

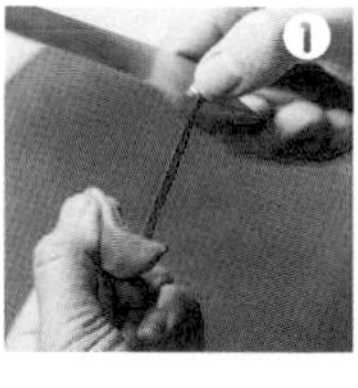

用菜刀撕除甜豆上下兩邊的筋

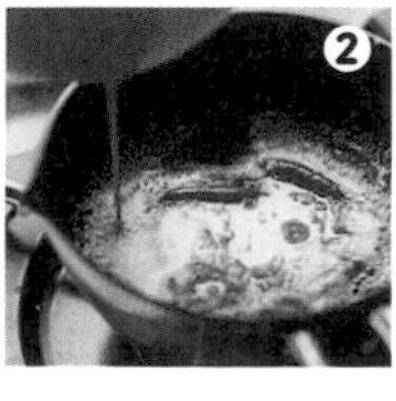

湯滾後，倒入部分蛋液輕輕攪拌，再度沸騰後繼續倒入……如此重複幾次，就能煮出軟滑的蛋花

一菜

紅蘿蔔炒蛋

材料

紅蘿蔔……1根
蛋……1顆
鹽……適量
油……1大匙

❶紅蘿蔔切成絲。將蛋打散，加入一小撮鹽。
❷將油和紅蘿蔔放入平底鍋，轉中火翻炒三分鐘，加入一小撮鹽。
❸在紅蘿蔔上頭倒入蛋液，一邊拌勻一邊翻炒。蛋液熟了，就完成了。

可隨喜好撒上柴魚片

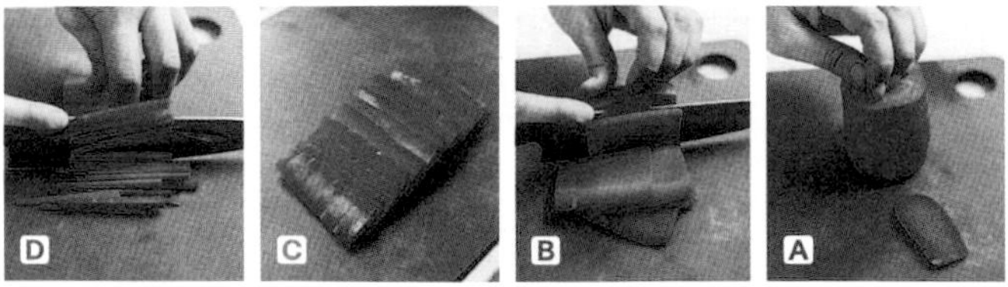

A為了保持穩定先切下一面B A的切面朝下抵住砧板，將紅蘿蔔切成五釐米厚的薄片C D像撲克牌那樣排好之後，再切成細絲

一湯

蒸雞肉甜豆湯

材料

蒸雞肉⋯$\frac{1}{4}$片（約70g）
甜豆⋯$\frac{2}{3}$袋（約10個）
蔥醬⋯1大匙（約15g）
鹽⋯適量

蔥醬有剩的話，可拿來涼拌豆腐，或是當作炒飯的調味料

❶在鍋中燒開兩百毫升的水，趁水煮滾的空檔，將蒸雞肉撕成細條，去除甜豆的筋。

也可隨喜好切成容易入口的大小

❷水滾後放入所有材料，轉中火繼續煮。

❸約一分鐘後關火嚐味道，再用鹽調味。

6月

辛香佐料

一湯 一菜

第1天

炸茄子味噌湯

＋

生魚片拌辛香佐料

第2天

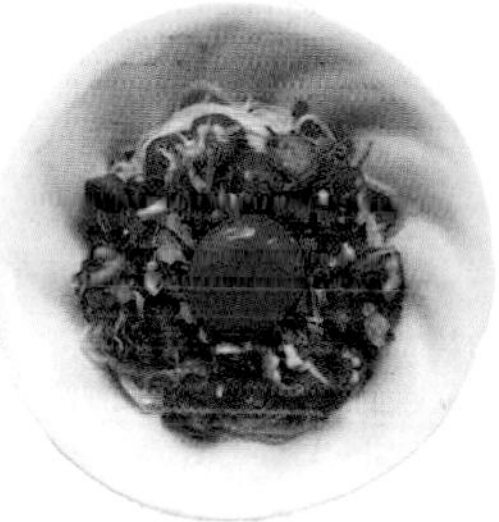

秋葵辛香佐料拌麵

第3天

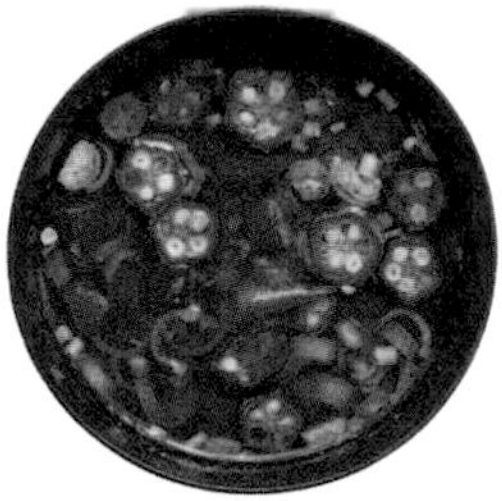

秋葵茗荷味噌湯

＋

涮豬肉淋辛香佐料
佐茄子

第2週以後

生魚片可換成不同魚種，
珠蔥可用蘿蔔嬰代替。

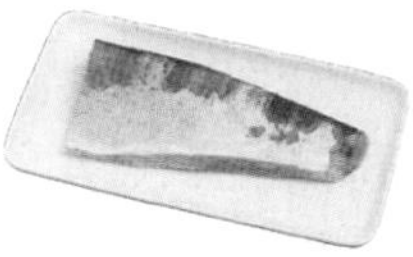

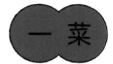

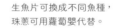

6月的食材

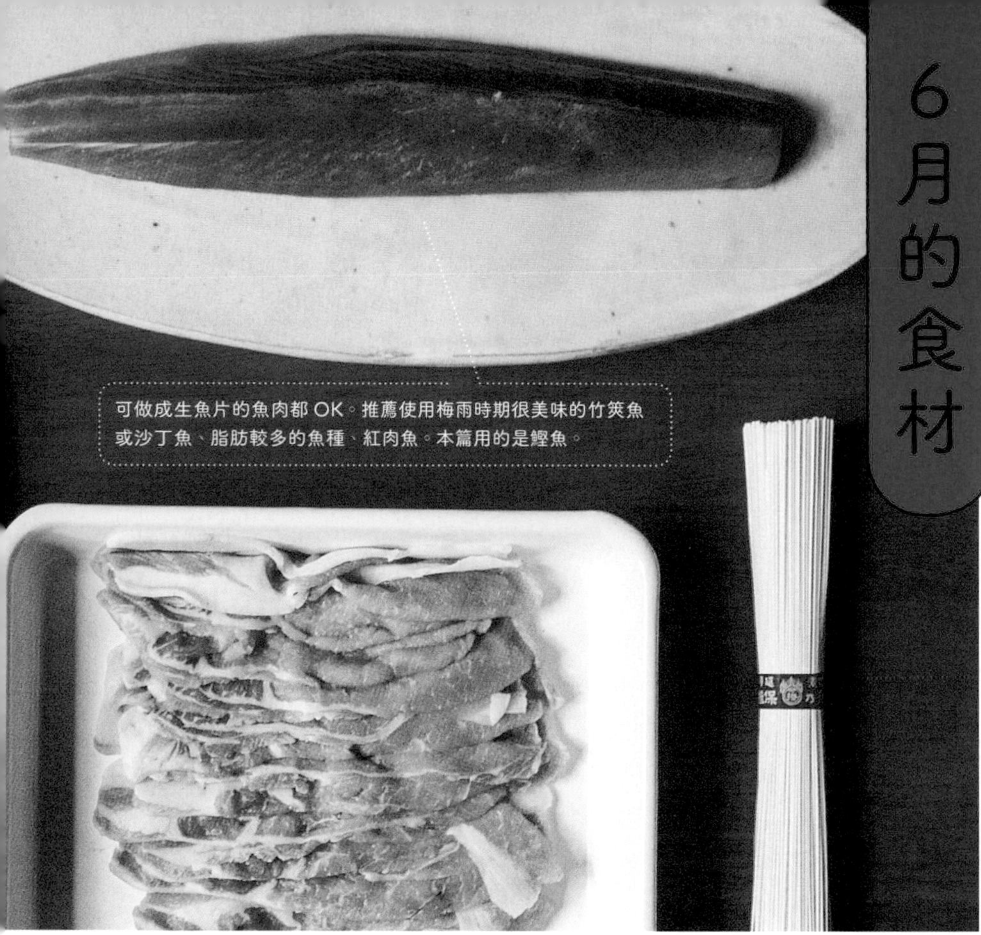

可做成生魚片的魚肉都OK。推薦使用梅雨時期很美味的竹筴魚或沙丁魚、脂肪較多的魚種、紅肉魚。本篇用的是鰹魚。

◎事先做好

辛香佐料（第93頁）

◎當季食材

秋葵…1盒

茄子…3條

◎其他食材

涮涮鍋豬肉片…約150g

喜歡的可生食魚肉…1塊（約200g）

麵線…1把

蛋…1顆

芝麻

◎+αの調味料

沾麵醬（三倍濃縮）

本月的主角是辛香料植物。這次使用的是茗荷、珠蔥和紫蘇。梅雨季濕氣高，雜菌容易繁殖，而辛香料植物具有殺菌作用，能夠預防食物中毒。不過它們最大的魅力，再怎麼說還是吃起來清涼的感覺和獨特的香味！辛香料植物的

主角是香氣四溢的辛香佐料

香味也能促進食欲，再適合這時期不過。事先做好辛香佐料，熱炒、涼拌、煮湯等都能用到，爲料理增添一抹清爽的香氣。

◎辛香佐料的作法

材料

茗荷…2個
（剩下的1個留至第99頁使用）
珠蔥…1把
紫蘇…1盒

將所有材料切細混合均勻，放進鋪上廚房紙巾的保鮮盒保存備用。辛香料植物用刀尖切的話會比較好切。珠蔥先用橡皮筋綁起來，這樣切的時候就不會散開。冷藏約可保存四天。

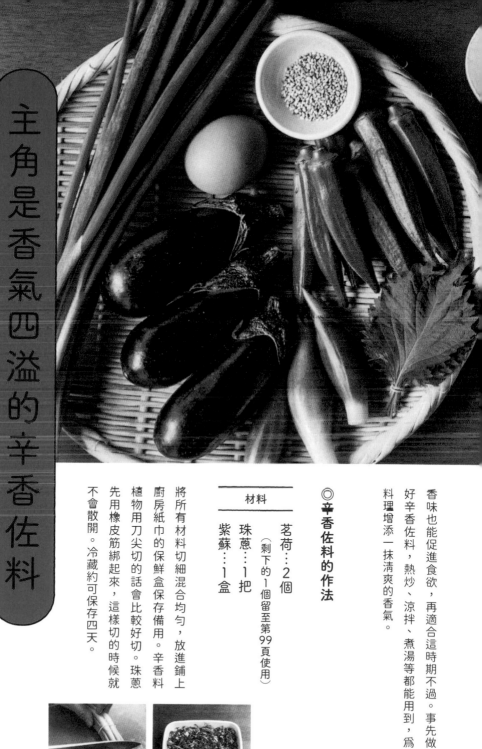

6月

一菜

生魚片拌辛香佐料

材料

喜歡的可生食魚肉…1塊（約200g）
醬油…2大匙
味醂…1大匙
辛香佐料…喜歡的份量
芝麻…喜歡的份量

不喜歡酒精味的話，可微波加熱五十～六十秒左右，放涼再使用

❶將切成一公分厚的生魚片、醬油、味醂放進調理缽。
❷隨喜好加入辛香佐料和芝麻，將食材攪拌均勻。
❸放進冰箱冷藏約十五分鐘，使其入味。

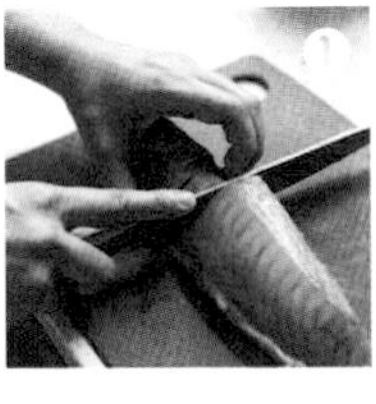

將刀子以拉向自己的方式切生魚片

冷藏一天放到更入味的話，就能吃到黏黏的口感。盛在白飯上頭，就是生魚片蓋飯。

吸了油的茄子格外美味，一咬就鮮味四溢。

一湯

炸茄子味噌湯

材料

茄子……1條
油……1大匙
高湯……200㎖
味噌……1大匙

❶ 茄子切成滾刀塊。在鍋中入油和茄子，以中火翻炒一分鐘。
❷ 加入高湯，煮至茄子軟了後即可關火。
❸ 溶入味噌。

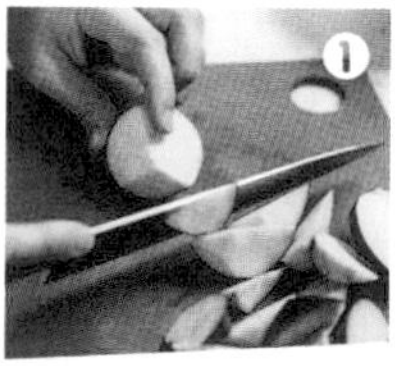

一湯一菜

秋葵辛香佐料拌麵

材料

麵線⋯1把（可隨喜好換成烏龍麵或蕎麥麵）
秋葵⋯½袋
蛋⋯1顆
沾麵醬⋯2～3小匙
香油⋯1小匙
辛香佐料⋯喜歡的份量

❶ 趁煮麵線的空檔，將整根秋葵微波加熱一分三十秒，之後以冷水沖洗，切成一公分長。雞蛋分成蛋白和蛋黃備用。

微波後放著不管的話，餘溫還會繼續加熱，使秋葵口感過熱

❷ 麵線煮好後放入冰水裡冰鎮，瀝乾水分後盛於容器中，倒入沾麵醬和香油拌勻。接著放入秋葵、辛香佐料，最後是蛋黃。

將蛋白煮成湯的話，就不會剩下。

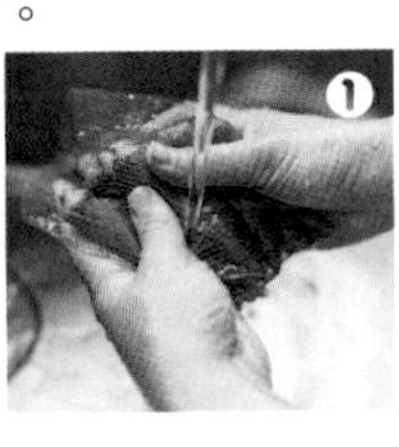

秋葵連同網袋一起洗，可有效去除細絨毛

辛香佐料的應用食譜

辛香佐料日式蛋卷

材料

蛋…3 顆
辛香佐料…喜歡的份量
高湯…30mℓ
醬油…1/2 小匙
鹽…1 小撮

將所有材料混合均勻，倒入平底鍋以煎蛋卷的方式煎煮。若覺得煎蛋卷太難的話，做成炒蛋也沒關係。

辛香佐料拌豆腐

辛香佐料拌納豆

6月

開大火涮肉的話，豬肉會變硬，請以小火煮，再用濾網濾乾水分

去除蒂頭，在頭部劃出一公分深的十字，就能簡單用手撕開皮。手撕會比刀切更容易吸附醬汁。

一菜

涮豬肉淋辛香佐料佐茄子

材料

涮涮鍋豬肉片…約150g
酒…1大匙
鹽…1小撮
茄子…2條
辛香佐料…喜歡的份量
醬油…1大匙
醋…1小匙

也可換成柑橘醋

❶將水煮沸準備涮肉。豬肉切成適口大小，用酒和鹽抓醃五分鐘備用。

❷茄子用保鮮膜包起來微波加熱約三分鐘。隔著布按壓茄子，茄子變軟了就用筷子撕開外皮。

❸水滾後改轉小火，一次放入兩片豬肉汆燙二十～三十秒，撈出來瀝乾水分。

❹將茄子和肉片盛盤，撒上辛香佐料，淋上醬油和醋。

也可隨喜好淋點香油

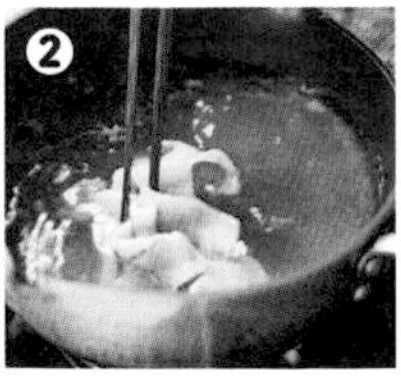

第3天

一湯

秋葵茗荷味噌湯

材料

高湯…200㎖
秋葵…½袋
味噌…1大匙
茗荷…1個

❶以中火煮高湯，秋葵切成五釐米長、茗荷切成三釐米長備用。

❷高湯沸騰後溶入味噌，最後加入秋葵和切碎的茗荷，繼續煮約一分鐘，食材都熟了，就算完成。

秋葵的黏性被煮出來後，味噌便很難溶於湯中，因此要先溶開味噌

調味

只要掌握四大組合 就不需要食譜

「大多時候不照著食譜做，就不會做菜。」

我經常會從不會做菜的人口中聽到這樣的心聲。倘若是第一次拿菜刀下廚，食譜的確是不可或缺的工具。它是全世界共通的格式語言，想要重現某道菜色，就非得藉助食譜不可。然而，所有的料理都是由「食材×烹調×調味」組成。

平時做菜會用到的調味組合，其實只有區區幾種而已。雖然自己下廚的話，就無法避開調味這個關卡，所幸只要掌握大原則，就不會有問題，不用每次看食譜也能做出好菜。

我個人的基礎調味，無論湯或菜都只有四種組合。

即便調味一樣，食材改變了，味道也會跟著變。再加上＋α調味料提鮮，例如大蒜、薑、芝麻、柴魚片等等，搭配風味獨特的食材，根本就是千變萬化，怎麼吃都不會膩。

配菜篇

1 只加鹽、只加醬油

缺了鹹味，料理就無法成立。蔬菜夠新鮮的話，燙一燙或炒一炒，撒點鹽就很好吃了。煎肉或煎魚也可以只加鹽就搞定。唯獨烤茄子、烤香菇或涼拌豆腐，請務必試著只加醬油就好。覺得味道不夠的話，再加柴魚片或辛香佐料。太過簡單的調味或許會讓人覺得「不像在做菜」，然而這也會是一道出色的料理喔。

湯篇

1 味噌湯

味噌湯是一菜一湯中的招牌湯品。湯頭可使用高湯包或高湯粉，直接加入碎柴魚片或小魚乾當湯料的話，還可省略過濾手續，增添營養。將水和昆布放進冷水壺浸泡的冷泡法，也是萃取湯頭的方法之一。有許多方式都能萃取高湯，調查一下就會發現非常有趣。

2 油＋醋＋鹽或醬油（3：1：少許）

這是沙拉或爽口涼拌菜的基礎調味。油的話，使用橄欖油就是西式風味，使用香油則變成中式風味。不過這兩種油的味道都很強烈，若想凸顯食材原味，建議使用風味不那麼明顯的米油或沙拉油。製作沙拉醬的時候，想要西式就再加上檸檬汁或芥末，想要日式或中式就再加上砂糖和醬油。

3 醬油＋味醂（或酒＋砂糖）

醬油的香氣和味醂的甘甜能夠煮出甜甜鹹鹹的味道，堪稱下飯的經典組合。熱炒、涼拌、滷肉滷魚等等，有了這味就會變得很好吃。滷東西的時候，基本比例是高湯：醬油：味醂＝10：1：1。喜歡重口味的，不妨減少高湯的份量。加點酒的話還可提鮮，會變得更加美味。沒有味醂的時候，可用酒：砂糖＝3：1調製代替。此外，懶得計量的話，直接用沾麵醬也可以喔。

4 高湯＋鹽或醬油

這是熱炒時的熱門調味。任何時候只要覺得不太夠味，稍微補點高湯粉，味道就會變得很有力道。炒飯也能用這組調味搞定。

2 西式風味湯

3 中式風味湯

西式風味湯的基底是法式清湯粉、中式風味湯的基底是雞湯粉。不過，食材煮成湯的話，本身也會釋放出味道，因此調味前還請先試吃，覺得味道太淡的話，再補一點高湯粉，如此一來才能吃到食材的原味。

4 鹽味湯

如果能夠徹底引出食材的鮮味，那麼就算不加高湯粉，湯喝起來依舊會很美味。特別是湯料為容易釋放味道的動物性蛋白質，像是雞翅、培根、天婦羅等等，調味前請務必先品嚐，感覺湯頭已經夠鮮美了，只加鹽就可以了。這部分可參考日本湯品作家有賀薰小姐的著作（書中的第59、64頁也有介紹有賀小姐的湯品食譜）。

7月

茄子

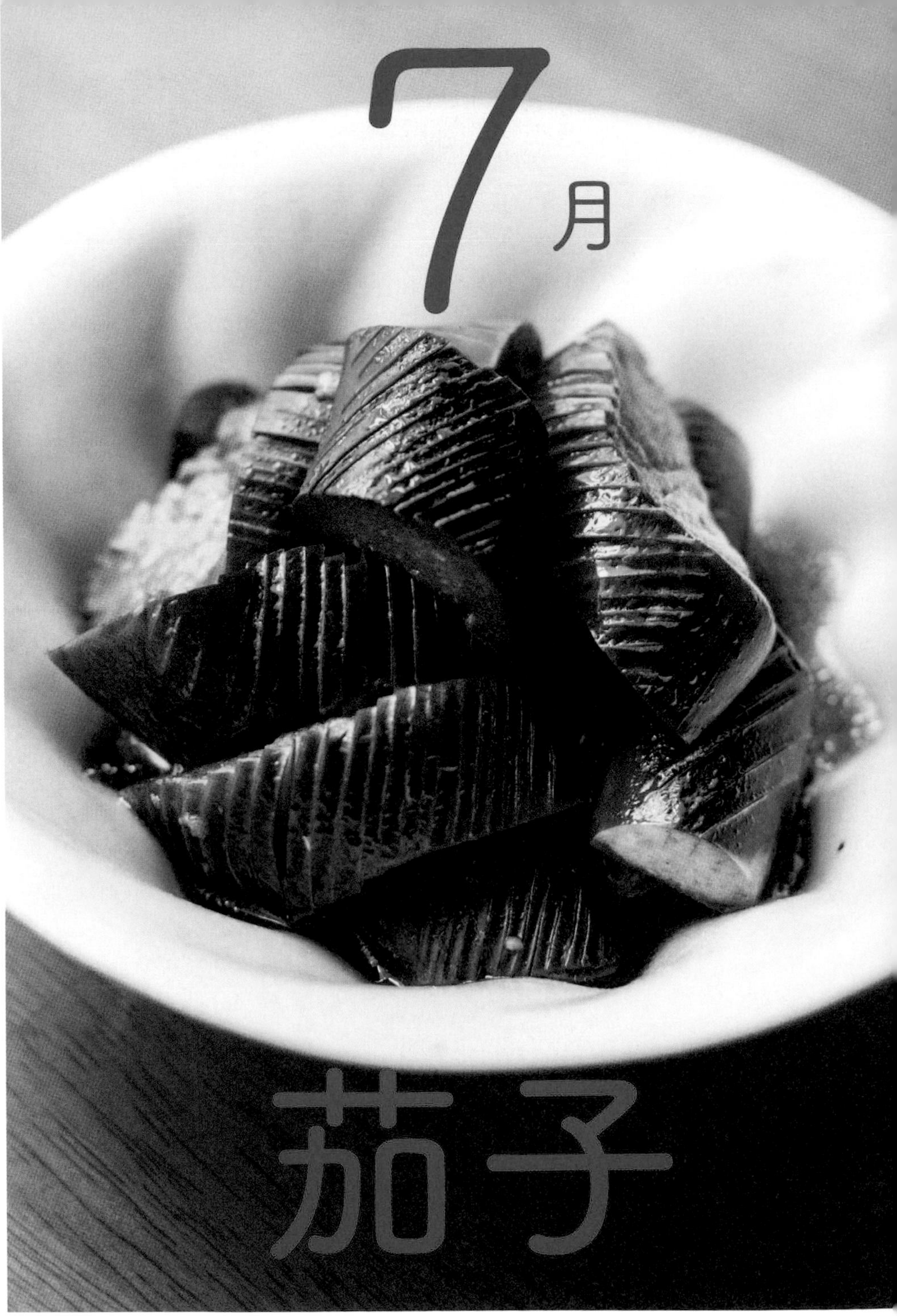

	一湯	一菜
第1天	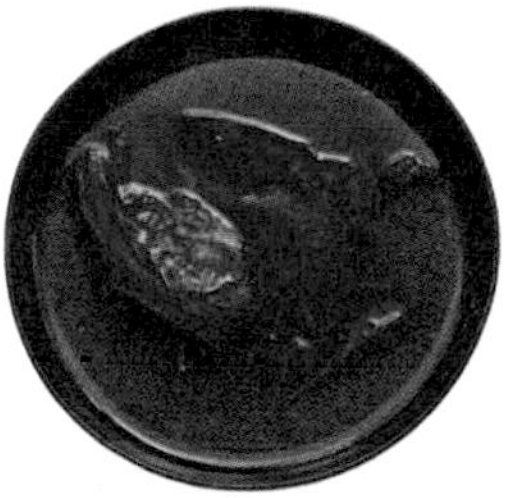 番茄味噌湯	 茄子飯
第2天	 夏季蔬菜燉番茄	 小黃瓜蟹味棒沙拉
第3天	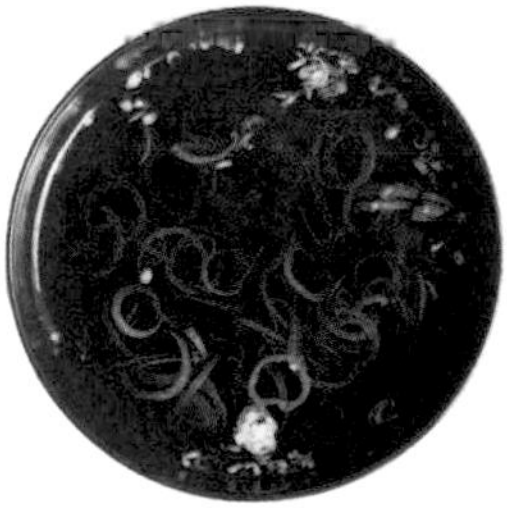 鹽昆布茗荷湯	 煨茄子
第2週以後	小黃瓜可換成櫛瓜， 茗荷可用紫蘇代替。	 

7月的食材

◎當季食材

茄子…4條
番茄…2顆
茗荷…3個
小黃瓜…1根

◎其他食材

蟹味棒…1盒
洋蔥…1顆
鹽昆布
芝麻

◎+αの調味料

檸檬汁
市售生蒜醬

本月的主角是茄子。茄子容易吸附味道，適用於生食、熱炒、蒸煮、油炸等各式料理，是夏季蔬菜中的全能高手。雖然一整年都能買到，不過七～九月才是盛產期。當季的茄子外皮柔軟，澀味較少，生吃也很美味。

挑選茄子有三個重點：

①表皮光滑亮澤

②切口新鮮

③若是蒂頭帶刺的品種，請選刺尖一點的。

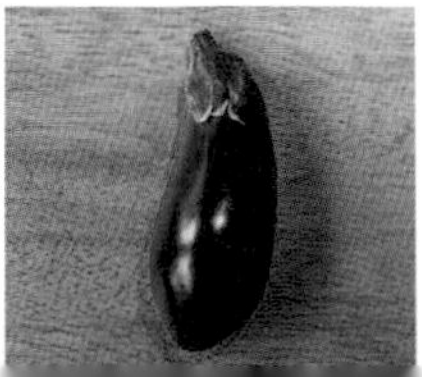

◎洋蔥金平絲的作法

第二天的一湯會用掉半顆洋蔥，剩下的半顆就炒成金平絲吧。

材料

洋蔥…½個
香油…1小匙
砂糖…1小匙
醬油…1小匙
酒…1小匙
芝麻…喜歡的份量

❶鍋中放入香油，洋蔥切成五釐米寬，以中火翻炒兩分鐘。

❷接著放入砂糖、醬油、酒翻炒約一分鐘，最後撒上芝麻。

主角是萬能的夏季蔬菜・茄子

7月

夏季才能吃到的、我奶奶家的味道

不盛在飯上直接吃也很好吃，搭配涼麵也很讚

一菜

茄子飯

材料

茄子…1條
茗荷…1個
鹽…2小撮
醬油…1小匙
香油…1小匙
白飯…1碗
芝麻…喜歡的份量

❶茄子對半縱切，再斜切成五釐米的薄片，泡水一分鐘去除澀味。茗荷也斜切成薄片。
❷將瀝乾水分的茄子放進調理缽，撒鹽輕輕搓揉，放置約三分鐘。茄子出水後，再用手擠乾水分備用。
❸將茄子、茗荷、醬油、香油放進調理缽拌勻。盛在白飯上，最後撒上芝麻。

一開始已經有用鹽抓過，調味不必下得太重

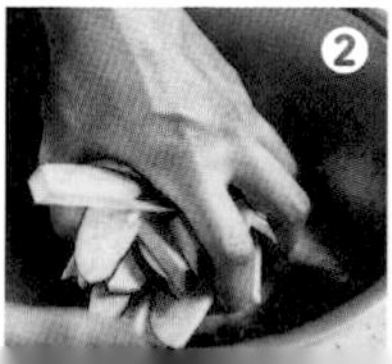

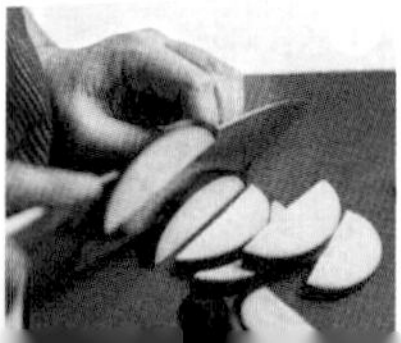

一湯

番茄味噌湯

材料

高湯…200㎖
番茄…1顆
味噌…1大匙

❶以中火煮高湯，趁煮滾的空檔將番茄切成扇形。

❷高湯煮滾後，放入番茄繼續煮約一分鐘，關火溶入味噌。

味噌湯裡加番茄？你可能會覺得奇怪，不過口感意外爽口，還挺合適的呢。也可以加點茗荷提香。

一湯

夏季蔬菜燉番茄

材料

橄欖油…2大匙
市售生蒜醬…2公分
洋蔥…½顆
鹽…適量（分三次加入，步驟中標示加鹽順序）
茄子…1條
番茄…1顆

將鹽分次加入的話，可以更快煮熟，幫助入味

❶將所有蔬菜切成一口大小。
❷依序將橄欖油、大蒜、洋蔥放入鍋中，蓋上鍋蓋，轉小火。每隔一分鐘打開鍋蓋，將所有材料攪拌均勻，大約炒四分鐘。
❸等洋蔥呈現透明後，加入一小撮鹽（①）和茄子，每隔一分鐘翻炒一次，大約炒兩分鐘。
❹加入一小撮鹽（②）和番茄，輕輕拌勻。維持小火，蓋上鍋蓋，持續煮六分鐘。最後再加入一小撮鹽（③）調整味道。

覺得鮮味不夠的話，就再補一點高湯粉

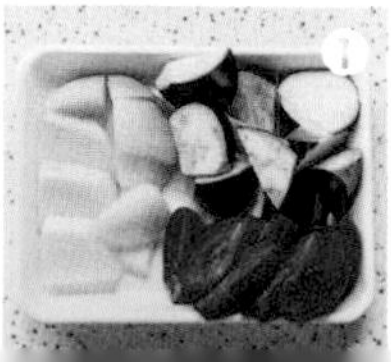

一菜

小黃瓜蟹味棒沙拉

材料

- 小黃瓜…1根
- 茗荷…1個
- 蟹味棒…1袋
- 檸檬汁…1小匙
- 橄欖油…1大匙
- 鹽…適量

❶ 小黃瓜對半縱切，再斜切成五釐米的薄片。茗荷也斜切成薄片。

❷ 在調理缽放入小黃瓜和茗荷，蟹味棒用手撕成適口大小後加入。依照順序放入檸檬汁、橄欖油、一小撮鹽，將食材拌勻。

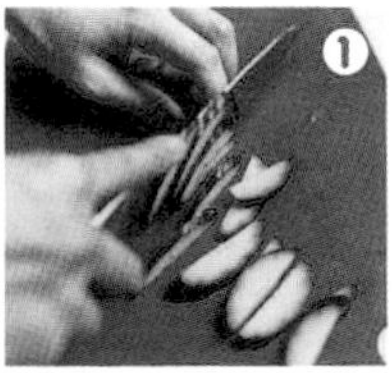

7月

雖然是很樸素的一道菜，不過茄子卻鮮美得驚人
剛煮好的時候就很好吃，放涼入味後也很美味

一菜

煨茄子

材料

茄子……2條
油……2大匙
砂糖……2小匙
醬油……1大匙

❶茄子對半縱切，以斜刀在表皮切出約兩釐米深的刻痕。接著以逆刻痕的方向，將茄子切成四等分。

❷在鍋中熱油，轉中火翻炒茄子三分鐘。等茄子吸飽油分變軟後，再加入一百毫升的水和砂糖，蓋上鍋蓋，以較弱的中火煮三至四分鐘。

❸加入醬油，繼續煮兩～三分鐘。

加入水後，會因為茄子釋放色素而變成藍色，不用在意沒關係

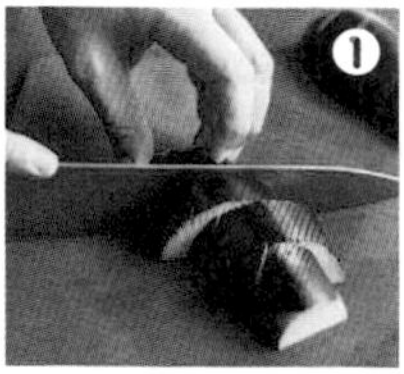
❶

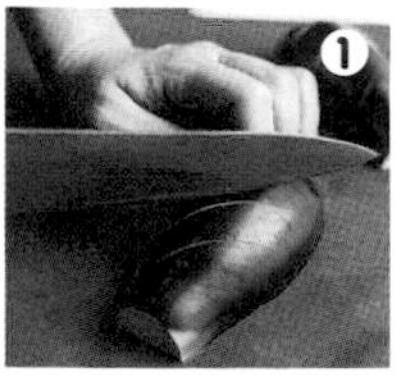
❶

多了刻痕才容易入味

第3天

一湯

鹽昆布茗荷湯

材料

茗荷⋯1個
鹽昆布⋯1撮
鹽⋯適量

❶將切成薄片的茗荷、鹽昆布放入湯碗，再倒入兩百毫升的熱水。
❷嚐味道，最後以鹽調味。

鹽昆布兼具鮮味、甜味、鹹味，是萬能的調味料。什麼花樣都變不出來的日子，就用鹽昆布配白飯吧。

8月 青椒和小黃瓜

	一湯	一菜
第 1 天	 速食味噌湯（Kachuu）	 吻仔魚乾炒青椒
第 2 天	 青椒蝦米蛋花湯	 小黃瓜拌吻仔魚乾
第 3 天	 鯖魚罐頭小黃瓜冷湯	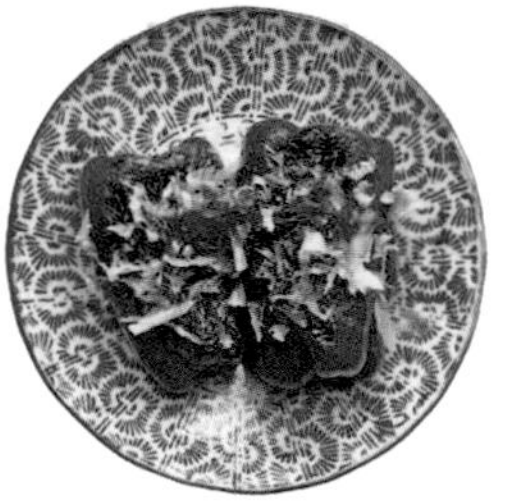 烤整顆青椒
第 2 週以後	鯖魚罐頭可換成沙丁魚罐頭， 青椒可用糯米椒代替。	 

8月的食材

◎當季食材

青椒…5個

小黃瓜…2根

◎其他食材

吻仔魚乾…1盒

水煮鯖魚罐頭…1罐

蛋…1顆

蝦米

柴魚片

芝麻

◎+αの調味料

市售生蒜醬

青椒和小黃瓜是一整年都在市場流通的蔬菜，不過一到盛夏時節吃起來更美味，色澤簡直鮮艷得無可比擬。

挑選青椒有三個重點：

①呈現鮮綠色

②蒂頭切口富含水分，沒有變色且新鮮

③表皮帶有光澤

個頭不大不小、也沒有凹陷的青椒，烹調起來比較

主角是青椒和小黃瓜

容易。

小黃瓜的挑選重點是：

①呈現鮮綠色

②形狀筆直

最近也有沒刺瘤的品種，若是有刺瘤的話，請挑選細刺尖一點的。小黃瓜表面的白色粉末，是名爲 bloom 的果粉。果粉能防止農作物的水分蒸散，保持果實的水分。

8月

一菜

吻仔魚乾炒青椒

材料

青椒…2個
香油…2小匙
吻仔魚乾…喜歡的份量
醬油…1小匙

❶青椒縱向切開，取下蒂頭，再縱向切成五釐米寬的細絲。
❷在平底鍋中放入香油和青椒，以中火翻炒約兩分鐘。
❸等青椒變軟後，再隨喜好加入吻仔魚乾和醬油，略爲翻炒約三十秒即完成。

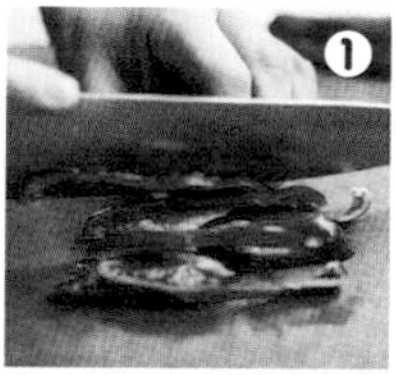
❶

❷

一汁

速食味噌湯 (Kachuu)

材料

柴魚片…1撮
味噌…1大匙

❶將柴魚片和味噌放入湯碗，倒入兩百毫升的熱水溶開味噌。

「Kachuu」是沖繩的速食味噌湯，意即「柴魚片湯」。旅行的時候，只要攜帶小包裝的柴魚片和味噌，隨時都有味噌湯喝。無論身在何處，都能嚐到家常滋味，推薦給大家。

8月

切成滾刀塊，可以保有脆脆的口感

一菜

小黃瓜拌吻仔魚乾

材料

小黃瓜⋯1根
鹽⋯1小撮
吻仔魚乾⋯喜歡的份量
香油⋯1大匙
芝麻⋯喜歡的份量

❶ 小黃瓜切成細絲，灑點鹽輕輕搓揉。
❷ 五分鐘後，等表面浮出水分，再將水分用乾布吸乾，加入吻仔魚乾、香油攪拌均勻。最後撒上芝麻。

也可隨喜好擠上少許市售生蒜醬

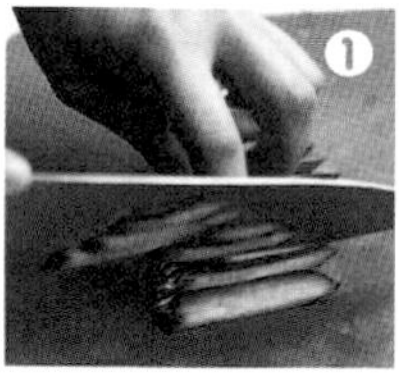

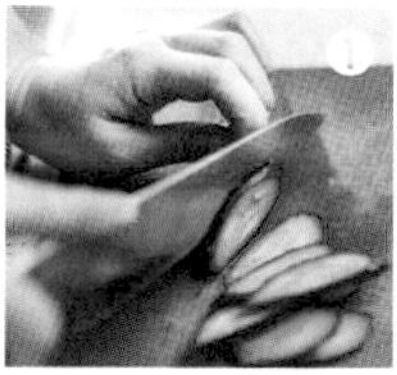

先切成三釐米厚的薄片，再疊起切成細絲

第2天

一湯

青椒蝦米蛋花湯

材料

蝦米⋯1撮（約2g）
青椒⋯1個
蛋⋯1顆
鹽⋯1小撮

❶在鍋中放入兩百毫升的水和蝦米煮至沸騰，趁煮滾的空檔將青椒縱向切開，取下蒂頭，再橫切成五釐米寬的細絲。蛋打散備用。

❷水煮滾後放入青椒，轉中火續煮約兩分鐘，再加鹽調味。蛋液仿照第87頁的方式，分兩～三次加入。

覺得湯頭不夠鮮的話，可加高湯粉調整味道。

第 2 週以後的糯米椒，若介意切開的糯米椒湯頭會被籽染成黑色的人，請別切開，整條放入即可

8月

一湯

鯖魚罐頭小黃瓜冷湯

材料

小黃瓜…1根
鹽…1小撮
水煮鯖魚罐頭…1罐
味噌…1大匙
吻仔魚乾…4大匙（約15g）
油…2小匙
芝麻…喜歡的份量

味噌鯖魚的調味偏甜，比較推薦水煮口味

❶小黃瓜切成一釐米寬，加鹽輕輕搓揉後放置五分鐘備用。
❷將瀝掉汁液的鯖魚罐頭倒入調理缽，去除魚骨，挑鬆魚肉。
❸在②倒入兩百毫升的水和味噌並化開，接著拌入擠乾水分的小黃瓜，放入冰箱冷藏。
❹在平底鍋放入吻仔魚乾和油，以中火將吻仔魚乾炒得香香酥酥的。吃之前，再將吻仔魚乾加入冷湯，最後撒上芝麻。

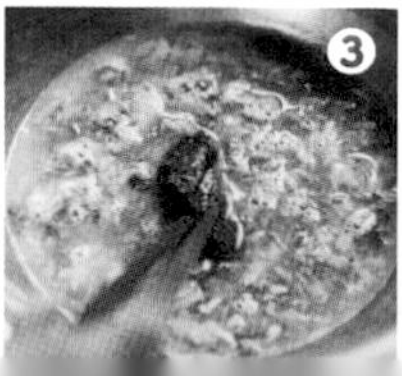

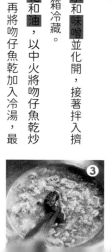

多汁的青椒包你大吃一驚！

一菜

烤整顆青椒

材料

青椒…2個
香油…1小匙
柴魚片…喜歡的份量
醬油…適量

❶為防青椒爆裂，先用牙籤或筷子在上頭刺幾個洞

❷在能加蓋的平底鍋或鍋子放入青椒、香油、一大匙的水，蓋上鍋蓋，以中火適度翻炒兩分鐘（作法參考第77頁）。

❸兩分鐘後幫青椒翻面，蓋上鍋蓋繼續悶兩分鐘，至喜歡的硬度後即可盛盤，最後淋上柴魚片和醬油。

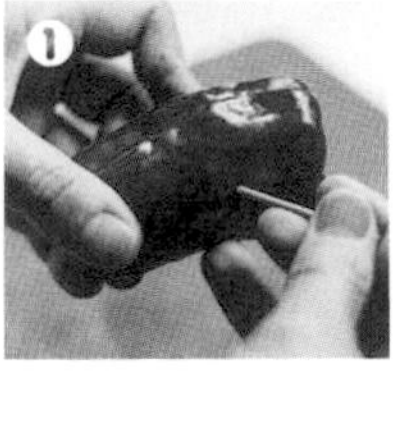

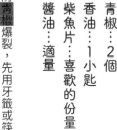

9月
鯖魚乾

	一湯		一菜
第 1 天	 長蔥蛋花湯	＋	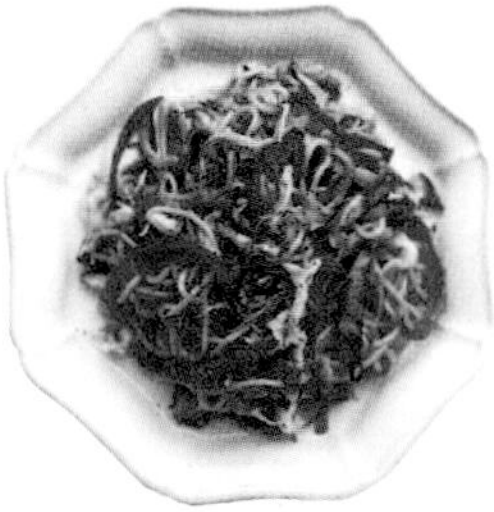 鯖魚日式炒麵
第 2 天	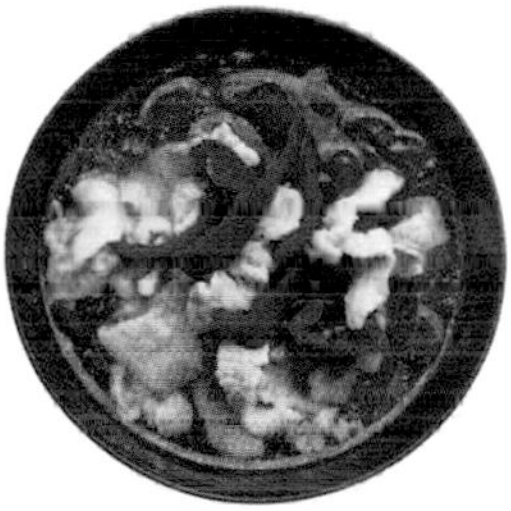 青椒豬五花湯	＋	 鯖魚馬鈴薯沙拉
第 3 天	 長蔥鯖魚湯	＋	 馬鈴薯青椒豬肉卷
第 2 週以後	長蔥可換成韭菜， 青椒可用四季豆代替。		 

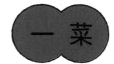

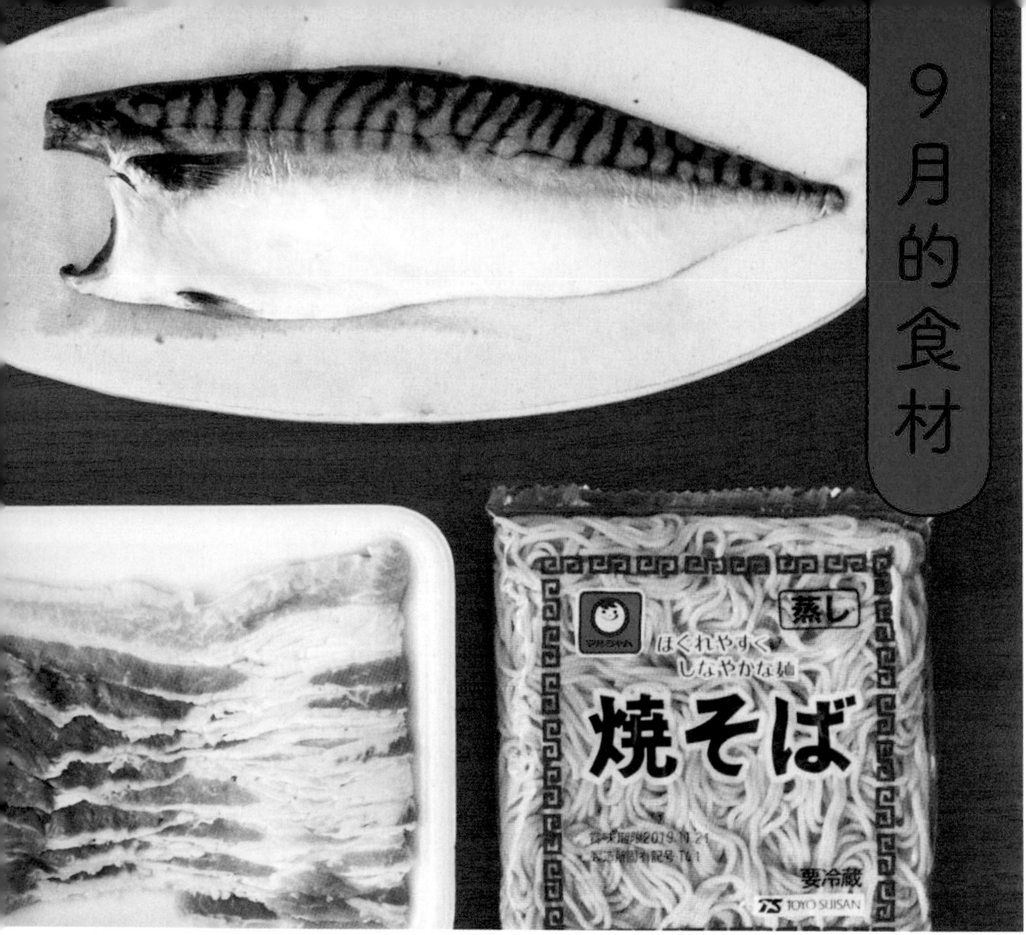

9月的食材

◎事先做好

鯖魚肉乾（第125頁）

◎其他食材

馬鈴薯（男爵）…3顆

青椒…4個

長蔥…1根

日式炒麵（蒸麵或水煮麵）…1袋

豬五花…200g

蛋…1顆

◎＋αの調味料

檸檬汁

美乃滋

本月的主角是鯖魚乾。雖然也有「味醂風味」的魚乾，不過這次請使用鹽味的，在超市的乾貨區就能買到。選擇魚乾有兩個原因，一是**含水量較新鮮鯖魚低，易於烹調**，另一個原因是**魚乾就像培根一樣，本身已經濃縮了所有的鮮味**。魚乾沒吃完的話，也可冷凍保存。先切成一餐份大小冷凍起來，食用時再解凍烤熟，就是一道出

主角是鯖魚乾製成的肉乾

色的料理。此外，鹽漬鯖魚（以鹽巴醃漬的鯖魚）也幾乎適用上述方法。這次的一週煮三次食譜，會將鯖魚乾製作成鯖魚肉乾使用。

◎鯖魚肉乾的作法

材料

鯖魚乾……1尾（約180g）

將整尾鯖魚放進耐熱容器，覆上保鮮膜微波加熱三分鐘。大致放涼後，去除魚皮和魚骨，將魚肉剝鬆。魚皮可用來熬湯，鯖魚的脂肪肥美，請務必一試！

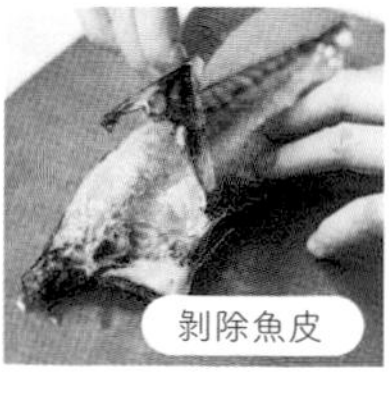

剝除魚皮

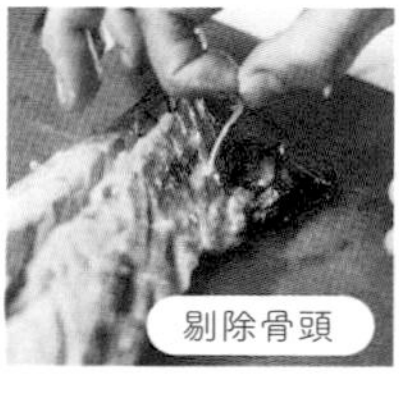

剔除骨頭

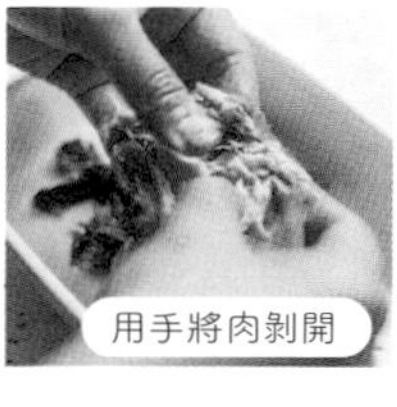

用手將肉剝開

約可保存五天

9月

一湯

長蔥蛋花湯

材料

長蔥…1/3根（約30g）
雞湯粉…1/2小匙
蛋…1顆
鹽…適量

❶在鍋中煮沸兩百毫升的水，趁加熱空檔將長蔥切成兩釐米長的蔥花備用。
❷水滾後，加入雞湯粉和蔥花。
❸保持沸騰的狀態分兩~三次倒入蛋液（作法參考第87頁），最後以鹽調味。

第2週以後使用韭菜的時候，請切成五公分

一菜

鯖魚日式炒麵

材料

長蔥…$\frac{1}{3}$根（約30g）
青椒…1個
香油…適量
日式炒麵…1袋
鯖魚肉乾…$\frac{1}{3}$份（約60g）
鹽…1小撮
醬油…$\frac{1}{2}$小匙
胡椒…適量

❶長蔥斜切成薄片、青椒切成細絲備用。

❷在平底鍋放入一小匙香油和①，以中火翻炒一分半～兩分鐘，等食材都熟了，即取出盛入盤中。

❸在同一個平底鍋依序放入一大匙香油、日式炒麵、鯖魚肉乾、兩大匙水，略爲將麵條炒散，蓋上鍋蓋，改爲較弱的中火蒸煮兩分鐘左右。

❹將麵條炒鬆，撒入鹽。接著加入醬油，將①全部翻炒均勻，最後撒上胡椒。

若想凸顯檸檬的酸味，調味可以清淡一點，而美乃滋多一點、檸檬汁少一點的話，就變成了濃郁口味

這是為了洗掉表面的澱粉質

一菜

鯖魚馬鈴薯沙拉

材料

馬鈴薯…3個
鯖魚肉乾…⅓份（約60g）
美乃滋…1大匙
橄欖油…1大匙
檸檬汁…2小匙
鹽…1小撮
胡椒…適量

這裡只會用到⅔份，不過請一次加熱完畢搗碎備用

❶馬鈴薯去皮切成一點五分公分厚的扇形，稍微沖一下水，放進耐熱容器覆上保鮮膜微波加熱七～八分鐘。加熱至可以搗碎的程度後，趁熱壓成喜歡的大小。

❷在①放入鯖魚肉乾、美乃滋、橄欖油、檸檬汁、鹽，一邊試吃一邊調味，最後撒上胡椒。

剩下的⅓份留到第131頁使用，請用保鮮膜包覆保存

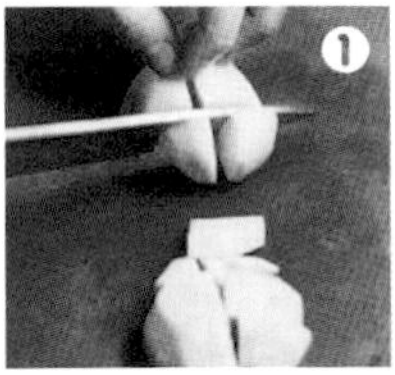

一湯

青椒豬五花湯

材料

青椒…2個
豬五花…¼份（約50g）
鹽…1小撮
醬油…¼小匙

❶在鍋中煮沸兩百毫升的水，趁煮滾的空檔將青椒縱向切開，去除蒂頭，橫向切成五釐米的細絲；豬五花切成三公分長的薄片。

❷水滾後改中火，放入豬五花和青椒煮兩分鐘。最後放入醬油、鹽。

鮮味不夠的話，就一邊嚐味道一邊加雞湯粉調整

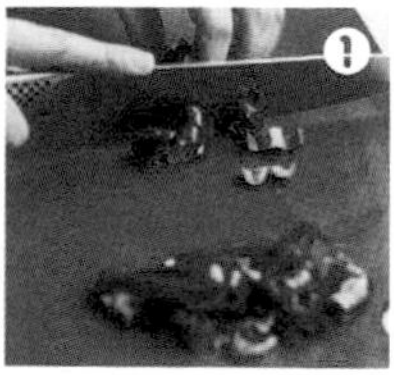

在意豬肉浮沫的人，可以把泡沫撈掉

9月

一湯

長蔥鯖魚湯

材料

長蔥…⅓根（約30g）
香油…1小匙
鯖魚肉乾…⅓份（約60g）
鹽…適量

❶在鍋中放入斜切成薄片的長蔥和香油，適度翻炒一分半～兩分鐘（作法參考第77頁），至長蔥呈現金黃色為止。
❷等長蔥熟了後，再加入兩百毫升的水和鯖魚肉乾，沸騰後以鹽調味。

第2週以後使用韭菜時切成五公分長

因為肉之後會出油，所以不加油直接煎

一菜

馬鈴薯青椒豬肉卷

材料

青椒…1個
搗碎的熟馬鈴薯…1個的份量
（第2天的「馬鈴薯沙拉」餘下的部分）
油…1小匙
豬五花…¾份（約150g）
鹽…適量
醬油…1小匙
味醂…1小匙
（怕甜的話可以改成酒）

❶青椒對半縱切，取下蒂頭，再縱向切成八等份。為了方便馬鈴薯塑形，先加油混合均勻。

❷在砧板上攤開豬五花，每一片撒上少許鹽（僅撒單面）。將馬鈴薯和青椒整合成一團，朝自己的方向用肉片捲起。

❸以中火燒熱平底鍋，將豬肉卷收口那面朝下放，每面各煎一～兩分鐘左右，至豬肉卷熟了為止。

❹等食材都熟了後，倒入醬油、味醂，將醬汁舀澆在肉卷上。

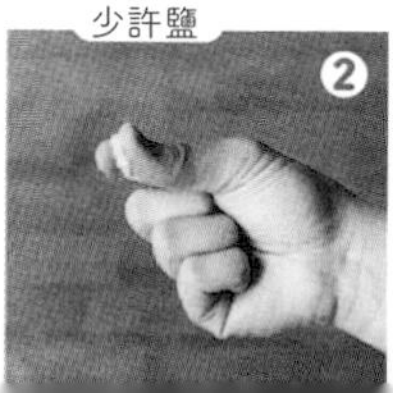
少許鹽
❷

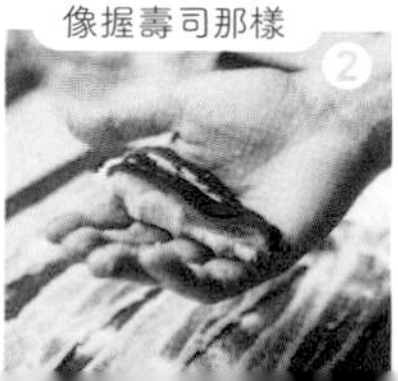
像握壽司那樣
❷

購物

把超市當成大型冰箱

經常聽到料理新手說：「不小心買太多菜，放到最後都壞掉了……」在超市購物的時候，不是四分之一個和二分之一個價格差不多，就是蔬菜分裝販售還賣得很便宜，不禁讓人覺得搞不好會用到喔？雖然「不確定是否會用到」，依舊下意識就放進推車中，誘惑眞的太多了。

然而實際開伙的次數卻沒有那麼多，根本就煮不完，何況也有點吃膩了，好好的菜在冰箱冰到失去生氣……尤其是豆芽之類水分較多的蔬菜，美味期限只限於剛購買的一～兩天之內。我也有很多在「不清楚是否會用到」的情況下就手滑購入，結果放到出水發爛，最後只能含淚丟棄的經驗。

因此我有個提議，就是「把超市當成大型冰箱」。不是拚命囤貨將自家冰箱塞得滿滿的，而是將超市視爲冰箱，隨時都能取用最新鮮的蔬菜，您覺得這點子如何呢？

自煮要能持之以恆，建議第一步就從少量採購能在三天內吃完的食材開始。因爲採購的份量原本就少，應該能降低「那把青菜不煮不行、那塊肉也快過期了……」的煩惱。

一週煮三次食譜，每種蔬菜的份量平均都只有一袋。

首先請遵照開篇的食材一覽表購入，等這些都吃完了，之後再一點一點地增加吧！沒辦法在超市人少的時間點去買菜的人，在販售生鮮蔬菜的便利商店買或網購，也是一條路喔。

調味料也一樣，關鍵就在於別買太多。

除了砂糖、鹽、醋、醬油、味噌這些基本調味料，我平時常備的就只有油類、味醂、清酒、胡椒、沾麵醬、高湯粉、檸檬汁。需要美乃滋或醬汁的時候，就去便利商店買小包裝的，如此就不用擔心用不完了。

沙拉醬的話，以前也會維持存貨兩條的份量，然而最後也是吃膩放到過期……我想，不如乾脆自己做吧？於是就身體力行動起來了。以油：醋＝3：1（或2：1）的比例調製，嚐嚐味道再加鹽調整，萵苣用手撕碎拌一拌就好吃得不得了。秋季進入冬天時的柑橘非常美味，可以用酸桔或柚子代替醋，那股味道會清爽高級到讓你不敢相信是自己做的。沙拉醬老是用不完的人，請務必一試。

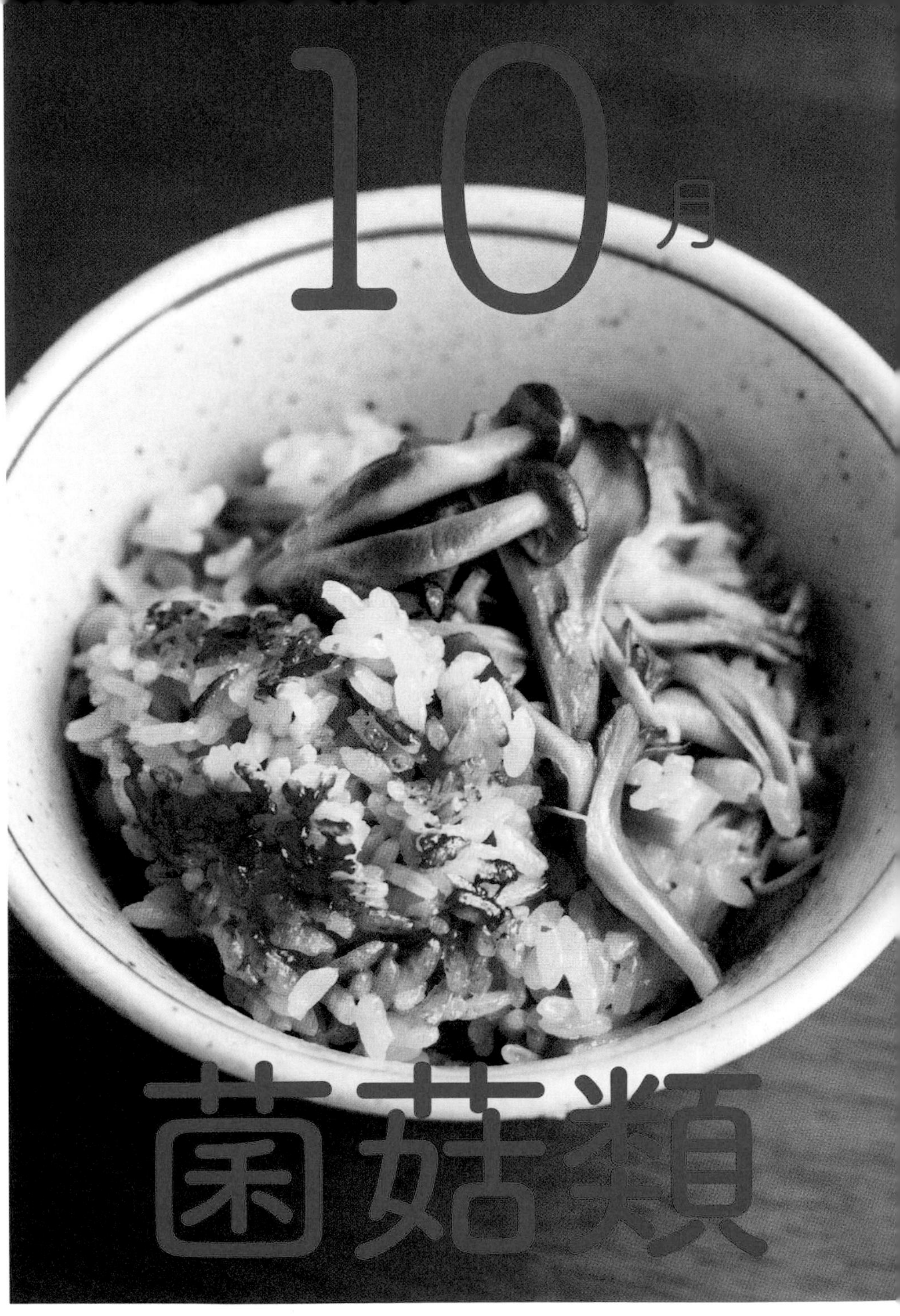
10月
菌菇類

	一湯		一菜
第 1 天	 炸豆皮菌菇味噌湯	+	 菌菇炊飯
第 2 天	 菌菇炸豆皮湯	+	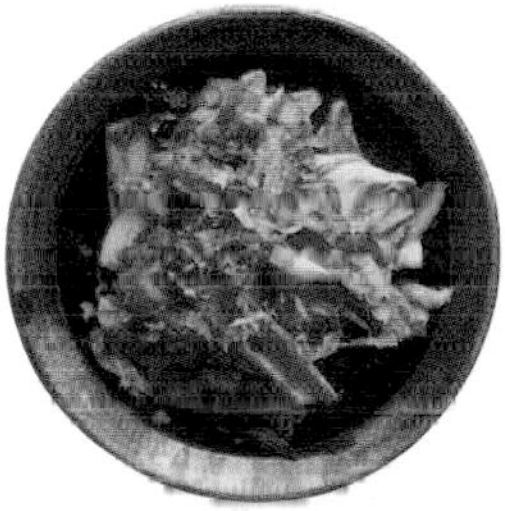 大蒜炒高麗菜
第 3 天	 高麗菜鹽昆布湯	+	 菌菇炒飯
第2週以後	菌菇可換成其他菇類， 高麗菜可用油菜代替。		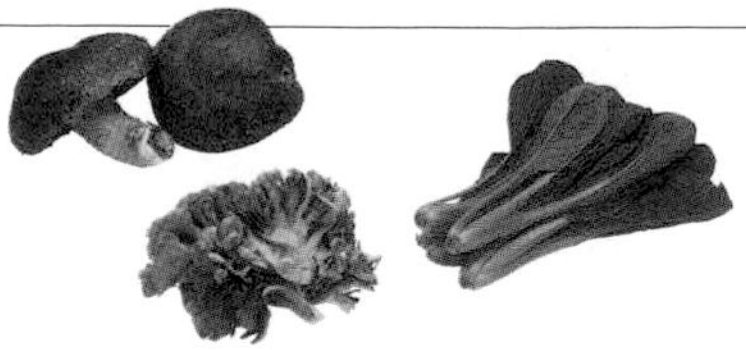

10月的食材

◎**事先做好**

炒菌菇（第137頁）

◎**其他食材**

高麗菜…¼顆

雞蛋…1個

炸豆皮…1片

柴魚片

鹽昆布

◎**+α調味料**

市售生蒜醬

本月的主食材是菌菇。請購買四種喜歡的菌菇，或是綜合菇類也行。菌菇遇熱會縮水，剛下菇時，可能覺得菇放太多了？其實是沒問題的喔。若不小心買太多的話，把菇分成適口大小，再冷凍保存起來，之後煮湯的時候直接加進去即可。

主角是炒菌菇

◎炒菌菇的作法

材料

喜歡的四種菌菇
（本次使用的是舞菇、鴻喜菇、杏鮑菇、金針菇）
……各一盒（共計400g左右）
油……3大匙
鹽……1小撮
醬油……2大匙
味醂……1大匙

金針菇切成適口大小，**鴻喜菇**、**杏鮑菇**去除蒂頭剝成小塊，**舞菇**直接撕開，一起放入平底鍋。在上頭淋**油**，以中火加熱三分鐘並適度翻炒（參考第77頁），翻面後繼續加熱一分鐘，等食材全部熟了之後再加入**鹽**、**醬油**、**味醂**攪拌均勻，燒乾水分就完成了。

菌菇翻炒太多次會變得水水的，請將翻炒次數控制在最低限度

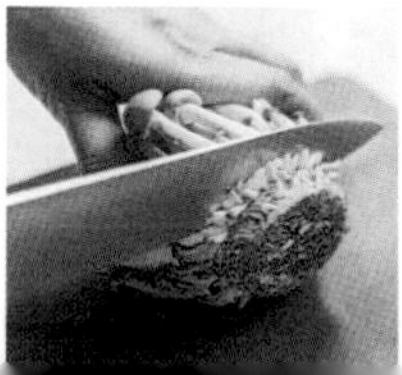

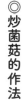

10月

也很適合帶便當

一菜

菌菇炊飯

材料

米⋯⋯一杯
鹽⋯⋯一小撮
炒菌菇⋯⋯¼份（約100g）

❶將米洗淨放入電鍋，加水至內鍋的刻度一，然後再舀出一大匙的水丟掉。

❷加入鹽和炒菌菇，無須攪拌，按照一般的方式煮飯即可。

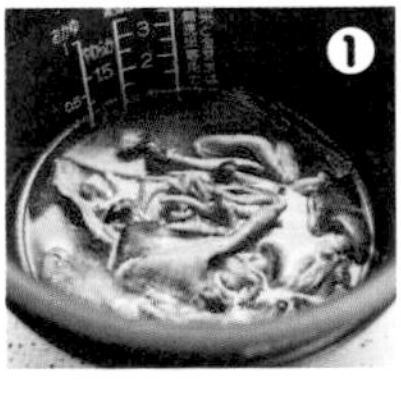

一湯

炸豆皮菌菇味噌湯

材料

高麗菜…¼份
炸豆皮…½片
高湯…200㎖
味噌…1大匙

❶高麗菜和炸豆皮切成適口大小。
❷在鍋中放入炸豆皮，以中火煎至金黃，期間請勿翻動。
❸倒入高湯，沸騰後加入高麗菜。煮一分半~兩分鐘，高麗菜熟了之後，即可關火，最後加入味噌攪拌均勻。

炸豆皮表面煎過後不僅多了焦香，還可增加酥脆的口感，多了這道手續，感覺味噌湯也變得更為講究呢，非常推薦喔！

一湯

菌菇炸豆皮湯

材料

炒菌菇…¼份（約100g）
炸豆皮…½片
醋…½小匙
鹽…少許

❶在鍋中放入兩百毫升的水、炒菌菇、切成適口大小的炸豆皮，以中火加熱。
❷沸騰後先嚐味道，再以醋、少許鹽調味。

加少量的醋可讓味道變清爽。

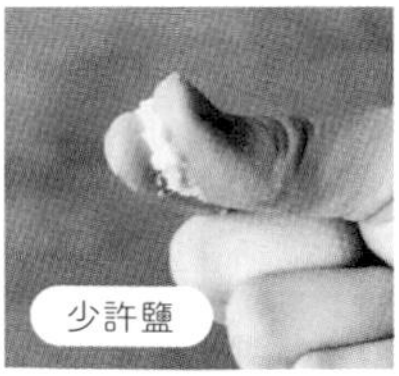

少許鹽

一菜

大蒜炒高麗菜

材料

- 高麗菜…2/4份

- 香油…1大匙
- 市售生蒜醬…2公分
- 醬油…1小匙
- 鹽…適量
- 柴魚片…喜歡的份量

❶ 高麗菜切成一口大小，或直接用手撕碎。在平底鍋中放入香油、大蒜、高麗菜，轉中火。

❷ 每隔三十秒翻炒一次，大約炒兩分鐘。高麗菜熟了後，加入醬油調味，覺得不夠鹹的話再補鹽。關火盛盤，最後撒上柴魚片。

我的小指指尖到第一關節大約就是兩公分，用手測量相當方便

高麗菜加鹽昆布做成淺漬泡菜也很好吃

一湯

高麗菜鹽昆布湯

材料

高麗菜…¼份
鹽昆布…1小撮
鹽…適量

❶在鍋中放入兩百毫升的熱水，趁煮水的空檔，將高麗菜撕成或切成一口大小。
❷水沸騰後，加入鹽昆布和高麗菜，繼續煮一分鐘左右。接著嚐味道，用鹽做最後調整。

一菜

菌菇炒飯

材料

- 蛋…1顆
- 鹽…適量
- 白飯…1碗
- 香油…1大匙
- 市售生蒜醬…1公分
- 炒菌菇…¼份（約100g）

有剩的話可直接當成配菜吃掉，或是冷凍起來。

❶將蛋打散，加入鹽。準備溫熱的白飯。

❷加熱平底鍋，放入香油、大蒜、白飯翻炒一分鐘。

❸加入炒菌菇繼續翻炒一分鐘，將白飯推到一旁，倒入蛋液，蛋液呈現半熟狀態後再和白飯拌勻，最後以鹽調味。

炒菌菇已經有味道了，小心別炒得太鹹。

調味料

稍微講究品質 味道就能大大升級

日式調味料從最基本的「さ（砂糖）、し（鹽）、す（醋）、せ（醬油）、そ（味噌）」開始，此外還有味醂、清酒、高湯等等，種類繁多，就連最簡單的鹽巴，也有許多種類，購買的時候眞的會一個頭兩個大。

既然都要自煮了，今後添購新的調味料時，要不要試著買好一點的呢？選擇好一點的調味料，做出好菜的機率也將大幅提升。

不過，倘若想將所有調味料一舉升級，除非是去高檔一點的食品行或百貨公司，否則也很難買齊。因此，基本上使用家中一直以來熟悉的品牌即可，而有個人偏好的調味料，則可以試著買好一點的。

這裡將介紹本書中所使用的調味料，以及挑選原則。不用急著一次買齊，首先請從感興趣的著手吧！

基本調味料

さ 砂糖

一般都是使用上白糖，不過本書使用的是蔗糖。蔗糖不僅富含礦物質，而且口感柔和，具有深度。

し 鹽

鹽的話請選擇天然鹽，最好是顆粒細緻的海鹽，一小匙的份量是五克。食鹽（精緻鹽）的話，一小匙則是六克，調味時請記得減量。

其他

◎胡椒

香味是料理的靈魂，最好是現用現磨。無須特地購買研磨器，進口食品行就能買到附有研磨功能的小瓶胡椒粒。本書中所用的胡椒全爲黑胡椒。

◎酒

標示爲「料理酒」的烹調用酒，通常都含有百分之二左右的鹽。因此雖然價格比較高，在此推薦酒類賣場販售的、僅以米和米麴製成的清酒（日本酒）。本書中也是使用清酒，若是使用料理酒的話，請記得調整鹽的用量。

す 醋

建議購買米醋或穀物醋。米醋的香氣濃郁，適合沙拉或涼拌菜。醋一遇熱香味就會散掉，經常製作煮物的人請使用穀物醋（以玉米或小麥爲原料）。本書較常出現涼拌菜，因此選用的是米醋。

せ 醬油

一般而言，食譜書中的醬油都是指「濃口醬油」。薄口醬油和名稱相反，含鹽量其實非常高，這點還請注意。在此推薦比較好控制用量的軟瓶包裝。

そ 味噌

米味噌的話，買原味的就好。添加高湯風味的味噌，加入食材後味道會變得難以掌握，因此高湯和味噌最好分開處理。

選購的基準是原料愈簡單愈好，例如只有「大豆、米、食鹽」，沒有加入抑制發酵的「酒精」。

◎高湯類

無論高湯包或高湯粉，都請盡量選擇無鹽的。因爲味噌也有鹽分，連高湯也含鹽的話，味道就會太鹹了。本書中使用的是無鹽的顆粒昆布。若使用含鹽的高湯，調味時請斟酌鹽的用量。此外，高湯粉比高湯塊容易調整用量，在此推薦。

◎油

最初請備齊香油和橄欖油。若要繼續添購，則可選擇無特殊風味的米油或沙拉油。唯獨油類請挑選好一點的品牌，做出來的味道會完全不一樣。

◎味醂

只要是本味醂就行。味醂風味的調味料無法盡到味醂本來的功能（防止煮物潰散、去除魚、肉的腥味等等），建議使用本味醂。

◎沾麵醬

燉煮、熱炒、煮湯、涼拌等等，只要有它就能決定料理的風味，眞可說是自煮良伴。然而方便歸方便，缺點是無論煮什麼都是同一種味道，建議可配合其他調味料一起使用。本書中使用的是加了柴魚片和昆布的三倍濃縮醬。

結語

大家好，我是原本完全不會做菜的男子平野。

儘管很想自己下廚，卻不知從何著手，「一週煮三次食譜」便是在這樣的嘆息中誕生的。

山口小姐是個好老師，她最厲害的地方，就是讓我意識到，自煮其實是件隨意又輕鬆的事。就算稍微出錯、就算份量過多，也不必在意。只要自己覺得好吃，那便是正確的做法。

自煮，也表示自己的身體自己照顧，吃飽喝足就是最好的回報，而且立即收效。在忙碌的生活中依舊能擠出時間一週煮三次的話，我認爲無異是將生命的韁繩，重新拉回自己的手中。

我可以挺起胸膛大聲說出這樣的宣言：「我自己是透過一週煮三次食譜學會做菜的！」接下來，輪到翻閱本書的你，大聲說出自己是看這本書才學會做菜的吧。請務必讓我們聽到各位的聲音。

平野太一

結語

我從七歲就開始下廚。

某日，一大早便面露疲態的母親對我說：

「祐加不做晚飯的話，今天晚上就沒東西吃了。妳能做飯嗎？」

工作忙碌的母親突然想到，「何不讓女兒承擔做菜的責任？」遂向我如此提議。

儘管母親的柔性威脅讓我有點吃驚，最後我還是硬著頭皮做做看。

我的第一道料理烏龍麵，是在母親監督下完成的。將水煮滾，切好蔬菜丟進去。配料煮熟後再將烏龍麵放進去，最後調味。

這碗蔬菜烏龍麵，比我至今吃過的任何一道菜都要美味。做菜的過程不僅有趣，做完還可以犒賞自己把它吃掉，對嗜吃的我來說，沒有比這更棒的嗜好了。

時至今日，我在某次聚餐遇到宣稱不會做菜的平野先生。

雖然他的工作忙碌，但還是有心想嘗試自己煮，於是我便開始構思「一週煮三次的食譜」。我負責做菜，平野先生負責拍照和試吃，每個月將成果發表於「note」網站。

製作的過程中，平野先生會一邊拍照、提出問題：「這種切法很麻煩，有沒有別種切法？」「對新手來說，這個步驟太難了」等等，還一邊嚴厲地吐槽。依據他的反饋，我改變了切菜方式、省略了料理的步驟，調整成新手也能輕鬆辦到的程度。

平野先生也親自實踐一週煮三次食譜，廚藝因此增進了不少。差不多半年後，一看到食材，他已經可以本能反應出「應該可以做出那道菜」、「食材可以這樣變化」，據他本人所述：「我變得很會做菜了。」

一個大男人學會了如何做菜。

雖然只是一件小事，然而卻讓他燃起了對做菜的熱情，我彷彿看到培育的植物一點一點地茁壯，眞的覺得非常開心。

之後因爲各種因緣際會，一週煮三次食譜確定出書。讀者鎖定和我一樣的年輕時代，可以在享受外食的同時，若能多出一個人投入自煮自食的世界，那眞的太好了。

我和平野先生再次討論，從將食材用盡、步驟簡單、下班後一身疲倦也能輕鬆完成的簡單菜色，到能將剩餘蔬菜用完的美味料理，全部將精華濃縮至本書當中。

拍攝結束後，平野先生邊試吃邊說：「一週煮三次料理，果然不管吃幾次都覺得很好吃！」我們一起完成了這本書。

最後我要說，自煮能包容一切的偷工減料及步驟簡化。工作都那麼辛苦了，何況還是煮給自己吃，適當的偷懶剛剛好。

「今天也做飯了，我眞了不起！」

「煮得眞好吃，我是天才！」

請別忘了，每天像這樣稱讚自己喔。

由衷感謝一起製作本書的各界人士，以及將我養育成貪吃鬼的雙親。

二〇二〇年二月　山口祐加

食材 INDEX

出處

—— p20、21　shirogohan.com（https://www.sirogohan.com/）

—— p58　樋口直哉（https://note.com/travelingfoodlab/n/n5177e653f870）

— p59、64　有賀 薰（『Soup Lesson』PRESIDENT Inc.）

—— p68　飯島奈美（『美酒法國菜』合著Little More）

※為了用完食材並忠實呈現原食譜風味，食材及調味料份量皆有進行調整。

Special Thanks

所有協助菜色試作的自煮課程參與者

自炊的時代，我的自煮料理：
一週煮三次，將當令食材輕巧用完，款待自己的七十二道美味食譜

週 3 レシピ 家ごはんはこれくらいがちょうどいい。

作者	山口祐加
譯者	王詩怡
副總編輯	陳秀娟
發行人	林聖修
封面設計	Today studio
封面插畫	陳怡今
內文版型	張家榕
內文寫真	平野太一
內文插畫	Seiji Matsumoto
內文寫真協力	土田 凌 Adobe Stock(P19、29、41、51、61、71、81、91、103、112、115、123、135) PIXTA(P63)
出版	啟明出版事業股份有限公司
地址	台北市敦化南路二段 57 號 12 樓之一
電話	02-2708-8351
傳真	03-516-7251
網站	www.chimingpublishing.com
服務信箱	service@chimingpublishing.com
法律顧問	北辰著作權事務所
印刷	中原造像股份有限公司
總經銷	紅螞蟻圖書有限公司
地址	台北市內湖區舊宗路二段 121 巷 19 號
電話	02-2795-3656
傳真	02-2795-4100
初版	2020 年 11 月
定價	NT$360

自炊的時代,我的自煮料理：一週煮三次,將當令食材輕巧用完,款待自己的七十二道美味食譜 / 山口祐加著 ; 王詩怡譯. -- 初版. -- 臺北市 : 啟明, 2020.11
152面 ; 14.8*21公分
譯自 : 週3レシピ : 家ごはんはこれくらいがちょうどいい。
ISBN 978-986-98774-5-9(平裝)

1.食譜

427.1　109013918